设施农业实用技术知识普及丛书

温室设施水产安全养殖技术

WENSHI SHESHI SHUICHAN ANQUAN YANGZHI JISHU

■ 科技部中国农村技术开发中心 组织编写

齐遵利 主编　张 辉 主审

中国劳动社会保障出版社

图书在版编目（CIP）数据

温室设施水产安全养殖技术/齐遵利主编.—北京：中国劳动社会保障出版社，2013

（设施农业实用技术知识普及丛书）

ISBN 978-7-5167-0307-6

Ⅰ.①温… Ⅱ.①齐… Ⅲ.①温室-水产养殖 Ⅳ.①S969.33

中国版本图书馆 CIP 数据核字（2013）第 276806 号

中国劳动社会保障出版社出版发行

（北京市惠新东街 1 号　邮政编码：100029）

*

中国铁道出版社印刷厂印刷装订　新华书店经销
880 毫米×1230 毫米　32 开本　7.625 印张　151 千字
2013 年 12 月第 1 版　2013 年 12 月第 1 次印刷
定价：20.00 元

读者服务部电话：（010）64929211/64921644/84643933
发行部电话：（010）64961894
出版社网址：http://www.class.com.cn

版权专有　　侵权必究

如有印装差错，请与本社联系调换：（010）80497374
我社将与版权执法机关配合，大力打击盗印、销售和使用盗版图书活动，敬请广大读者协助举报，经查实将给予举报者奖励。
举报电话：（010）64954652

设施农业实用技术知识普及丛书编委会

主　任	贾敬敦				
副主任	孙晓明	吴飞鸣	黄卫来		
编　委	白启云	胡熳华	李凌霄	林京耀	孟燕萍
	张　富	张　辉	黄　靖	熊明民	刘莉红
	袁会珠	吴崇友	杨志强	肖红梅	汪海峰
	黄安胜	张永升	郑大玮	赵宪军	李树君
	赵有斌	张　燕	龚道枝	齐遵利	陈海江
	王世光	白卫滨	梅盈洁	夏立江	林　洪
	董　兵	孙　磊	程　立		

本书编写人员

主　编	齐遵利				
副主编	张　富	张秀文	张永升		
参　编	潘　娟	王英光	李国辉	赵海涛	孟凡玥
	王　锐	王　芳			
主　审	张　辉				

内容简介

如何保证水产品质量安全、如何缩短养殖周期、如何提高水产养殖的经济效益是养殖户最关心的几个问题。温室、大棚具有良好的采光、增温和保温性能，已在水产养殖业广泛应用，利用温室、大棚养殖水产可以降低温度对水产动物的影响，提高水产动物的生长速率，延长生长时间，缩短养殖周期，提高经济效益。

本书由河北农业大学海洋学院及有关单位的专家编写，介绍了温室和大棚的基本类型、设计和建造要求，罗非鱼、中华鳖、南美白对虾温室和大棚养殖技术，水产养殖病害防治技术，无公害水产品养殖技术。内容科学实用，文字通俗易懂，图文并茂，适合广大水产养殖人员、各级农业科技人员、农业技术推广人员和农村基层干部阅读，也可作为农业院校学生的参考用书。

前　言

党的十七大明确指出，解决好农业、农村、农民问题，事关全面建设小康社会的大局，必须始终作为全党工作的重中之重。当前，我国农业正处于从数量型向数量与质量效益型并重转变的新阶段，发展有中国特色的现代农业、建设社会主义新农村成为当前农业农村工作的重要任务，而加强农村人才队伍建设，把农业发展方式转到依靠科技进步和提高劳动者素质上来是根本，培养一批能够促进农村经济发展、引领农民思想变革、带领群众建设美好家园的农业科技人员是保证，培育一批有文化、懂技术、会经营的新型农民是关键。

为更好地在农村普及科技文化知识，树立先进思想理念，倡导绿色健康生产生活方式，科技部中国农村技术开发中心组织相关领域的专家，从农业生产安全、农产品加工与运输安全、农村生活安全等热点话题入手，编写了"新农村热点话题科普常识系列丛书"。首批推出的7本图书中《农业生产安全基本知识》《农机具安全使用知识》《农药安全使用知识》《农村气象灾害与防御知识》《农村生活安全基本知识》《农产品加工与运输安全知识》入选2010—2011年和2012年《农家书屋重点出版物推荐目录》，取得了良好的社会效益。此次新推出"新农村建设村务管理工作指导丛书""农产品加工与经营知识普及丛书""设施农业实用技术知识普及丛书"三个系列的15种图书。丛书编写采用讲座和讨论等形式，通俗易懂、图文并茂、深入浅出地介绍了大量普及性、实用性的农村实用知识和技能。希望这些丛书能够为广大农民朋友、农业科技人员、农村经纪人和农村基层干部提供一批良好的学习材料，增加科技知识，强化科技意识和环保意识，为安全生产、健康生活起到技术指导和咨询作用。

丛书在编写过程中得到了中国农业机械化科学研究院、中国包装和食品机械总公司、中国农业科学院环境与可持续发展研究所、中国农业大学食品科学与营养工程学院、河北农业大学、中国海洋大学、浙江农林大学等科研院校众多专家的大力支持。参与编写的专家倾注了大量的心血，付出了辛勤的劳动，将多年丰富的实践经验奉献给读者。主审专家投入了大量时间和精力，提出了许多建设性的意见和建议，特此表示衷心感谢。

由于编者水平有限，时间仓促，书中恐有不妥之处，衷心希望广大读者批评指正。

编委会

2012 年 1 月

目 录

第一讲　温室设施水产养殖发展概况 // 01
　话题 1　温室设施水产养殖的特点 // 01
　话题 2　温室设施水产养殖的发展趋势 // 07

第二讲　温室设施水产养殖场的设计与建造 // 13
　话题 1　养殖场的规划 // 13
　话题 2　日光温室的设计和建造 // 15
　话题 3　现代温室的设计和建造 // 24
　话题 4　塑料大棚的设计和建造 // 35
　话题 5　养殖池的建造 // 44
　话题 6　循环水养殖的水处理技术 // 47

第三讲　无公害水产品养殖技术要点 // 54
　话题 1　无公害水产品产地环境要求 // 54
　话题 2　无公害投入品的使用 // 57
　话题 3　无公害水产品养殖管理 // 63
　话题 4　无公害产品包装、暂养、运输 // 67

第四讲　罗非鱼温室设施养殖技术 // 71
　话题 1　罗非鱼的生物学特性 // 71
　话题 2　罗非鱼的繁殖 // 76

话题3　罗非鱼的鱼种培育 // 82

话题4　罗非鱼的成鱼养殖 // 86

话题5　罗非鱼的营养需求和饲料 // 90

话题6　罗非鱼越冬技术 // 94

第五讲　中华鳖温室、大棚养殖技术 // 103

话题1　中华鳖的生物学特性 // 103

话题2　亲鳖的培育 // 107

话题3　亲鳖交配、产卵 // 115

话题4　受精卵的孵化 // 118

话题5　稚鳖、幼鳖的养殖 // 126

话题6　成鳖的养殖 // 133

话题7　鳖的越冬 // 139

话题8　鳖的捕捞、包装和运输 // 140

第六讲　南美白对虾温室设施养殖技术 // 144

话题1　南美白对虾的生物学特性 // 144

话题2　南美白对虾冬棚的建设 // 151

话题3　南美白对虾的主要养殖模式 // 154

话题4　放苗前的准备工作 // 157

话题5　虾苗的放养 // 160

话题6　虾苗的中间培育 // 167

话题7　饲料投喂 // 171

话题8　水质调控 // 181

话题9　　阶段管理 // 191

话题 10　日常管理 // 195
话题 11　对虾收获和运输 // 198
话题 12　南美白对虾的淡化养殖 // 199

第七讲　温室设施养殖水产动物病害防治 // 205
话题 1　病害的综合防治技术 // 205
话题 2　主要病害的防治技术 // 208

第一讲　温室设施水产养殖发展概况

水产养殖是一种在人为控制下,繁殖、培育和收获水生动植物的生产活动,一般包括在人工饲养管理下从苗种养成水产品的全过程。其养殖动物以无脊椎动物和低等的脊椎动物为主,如鱼、虾、蟹、贝等,其生长和繁殖受到外界温度影响较大。利用温室、大棚进行水产养殖,可以降低温度对于养殖生物的影响,提高养殖生物的生长速率,延长其生长时间,从而缩短养殖周期,提高经济效益。

话题 1　温室设施水产养殖的特点

什么是温室?

● 温室又叫"暖房",有防寒、加温和透光等设备。我国早在汉代就已利用温室栽培园艺作物。水产养殖使用的温室类似于栽培植物的温室,相当于把池塘搬进了栽培植物的温室。

● 根据屋架材料、采光材料、外形及加温条件等的不同,温室

温室设施水产安全养殖技术
WENSHI SHESHI SHUICHAN ANQUAN YANGZHI JISHU

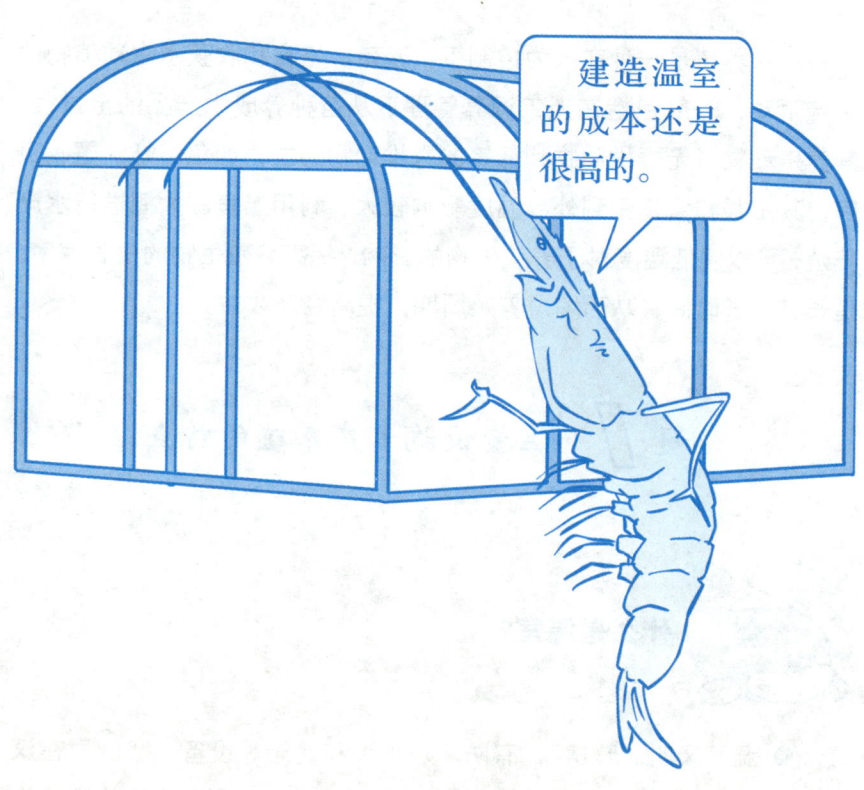

可分为很多种类,如玻璃温室、塑料聚碳酸酯温室;加温温室、不加温温室等。在更为先进的现代化温室中,可以用计算机自动控制温度、湿度和光照等条件,为养殖生物提供最佳环境条件。

什么是大棚?

● 大棚是利用竹木杆、水泥杆、轻型钢管或管材等材料作骨架,做成立柱、拉杆、拱杆及压杆,覆盖塑料薄膜而成为拱圆形的塑料棚,最早也是用于种植业。

● 大棚覆盖的材料——塑料薄膜,具有质量轻、透光保温性能好、可塑性强、价格低廉等优点。大棚骨架材料多轻便,容易建造和造型,而且建筑投资较少。但是大棚同样能起到防寒保温,延长生长期的作用,因此深受生产者的欢迎。

温室设施水产养殖的特点

● 用于建筑温室、大棚的基础设施投资大,养殖成本高。基础设施投资大、放养密度大、养殖投入品使用量大,存在的风险大。

● 由于温室、大棚环境相对封闭,空气交换量少,水质、底质容易恶化，养殖技术水平相对要高。

● 温室、大棚延长了春、秋的养殖时间，延长了当年生长期。在南方可全年进行养殖。出塘的时间错开了水产品集中上市的时间，销售价格会大大提高，养殖效益相对提高。

● 日光温室是结构比较完善的农业设施，具有良好的采光、增温和保温性能。利用日光温室可以在寒冷季节进行水产养殖生产，这对于水产品的淡季供应和周年生产具有重要意义。

专家提醒

我国温室生产的历史悠久，随着改革开放和农村产业结构的调整，以塑料日光温室为主的温室生产得到了迅速发展，由低级、初级到高级，由小型、中型到大型，由简单到完善，由单栋温室到占地几公顷的连栋温室群。结构形式多样，温室类型繁多，日光温室水产养殖面积也越来越大。日光温室保温效果好，养殖密度高，管理方便，但投资高，这种温室适宜于气温较冷的地区养殖。

● 塑料大棚是一种大型拱棚，它与日光温室相比，具有结构简单、建造和拆装方便、一次性投资较少等优点。塑料大棚还具有采光性能好、光照分布均匀、保温性能好、棚型结构抗风（雪）能力强、坚固耐用、易于通风换气等优点，在我国水产养殖业广泛应用。

 **不同材料温室大棚的特点**

1. 全无机复合材料高档温室大棚的特点

● 为新型无机复合材料,坚固耐用,成本低廉。

● 材料表面光滑,导热系数小,不烫膜,不磨损棚膜。大棚支架为实心结构,抗压强度大,抗风能力强。

● 材料韧性好,稳定性好,抗老化能力强,不易变形;防水、防腐蚀性能好,不易生锈。

● 材料热胀冷缩范围小,耐高温、耐低温能力强,不易龟裂,不易变形,使用寿命在 20 年以上。材料可反复安装使用,使用过程中强度不易变弱,在潮湿与干燥的环境中都可正常使用,不会因环境的变化而使材料质量下降。

2. 全钢管结构温室大棚的特点

● 单体无立柱,跨度一般在 6 ~ 12 米,土地利用率最大,养殖大棚视野开阔,采光效果好,容易操作。

● 采用全钢管大棚支架结构,坚固耐用,使用寿命较长,一般可用 10 ~ 15 年。

● 采用的全钢管结构承重力强,抗风、抗雪能力强。

3. 钢管竹木结构温室大棚的特点

● 棚面采用竹木材料、支架采用钢管材料,取材方便,建造容易,造价低廉。

● 棚内采用无立柱结构，大大增加了采光面积，更便于棚内机械化作业。

● 使用寿命较短，一般在5年左右。

4. 钢架无机复合材料温室大棚的特点

● 大棚支架采用无机复合材料与钢架结合的结构方式，使用寿命长，可使用25～30年。

● 大棚采用立柱结构，棚体坚固，抗风、抗雪能力更强。棚内空间开阔，面积大，有较好的保温、隔热功能。

● 防腐蚀，抗老化能力强；耐高温，防晒能力强。

不同结构温室大棚的特点

1. 单体拱棚的特点

● 有立柱单体拱棚　支架为新型无机复合材料，与钢管支架相比，生产成本较低。使用寿命在20年以上，与竹木支架相比，寿命可延长10～15年。棚内空间大，单位面积土地利用率高。规格易统一，安装较方便。

● 无立柱单体拱棚　结构简单，建造和拆装都很方便，一次性投资较少。棚内无需立柱支撑，棚内采光效果好。棚内作业方便，也便于进行环境调控，还可实行双膜覆盖。使用新型无机复合材料支架的大棚，使用寿命可达到20年以上。

2. 连栋拱棚的特点

● 普通连栋拱棚 采用全钢管支架的大棚，使用寿命较长，比竹木结构长10～15年。抗风、抗雪能力强。结构简单，安装方便，经济实用。连栋设计，棚室空间大，单位面积土地利用率高。

● 中高档连栋拱棚 采用新型复合材料支架的大棚，具有较强的耐压性和弹性，抗风、抗雪能力强。大跨度连栋设计，可最大程度地利用土地面积。采用双脊梁、小屋顶的主体结构，降低了温室高度，有利于冬季保温；温室受力状况也得到了改善，在保持同等抗风、抗雪强度的条件下，减小了用材规格，降低了制造成本，使用寿命一般在20年以上。

● 高档连栋温室大棚 采用无机复合材料钢管支架的大棚，使用寿命长，一般在25～30年。采用大跨度连栋结构，室内空间大，同时可方便温室内设置保温、加温及降温等设备。大棚外遮阳系统、自动化控制系统等主要配置及配套设施齐全，使用方便。

话题 2　温室设施水产养殖的发展趋势

温室、大棚水产养殖的现状

● 温室、大棚在农业上的应用时间很早，但主要是在蔬菜和观

温室设施水产安全养殖技术

赏花卉种植中应用,也取得了显著的效益。

● 近年来,温室、大棚逐渐在水产养殖中推广,特别是在北方地区,利用温室、大棚进行水产养殖生产,对养殖生物的越冬、苗种繁育、延长生长期起到了重要的作用。

● 目前,温室、大棚主要应用于一些名特优水产品的养殖。因为温室、大棚水产养殖与常规性水产养殖相比,需要增加设施建设,投资较大,因此主要应用于经济价值较高的名特优水产品的养殖,如鳖、南美白对虾、观赏鱼等。

温室、大棚水产养殖存在的问题

作为一项新生的养殖手段,温室、大棚水产养殖,也存在一些问题有待解决。

1. 缺少相关的国家标准

● 设施建构标准缺乏　温室、大棚起源于种植业,但是在种植业中目前可以参考的国家标准只有《温室结构设计载荷》,因此,温室、大棚国家标准化工作还有很长的路要走。

● 温室养殖标准缺乏　用温室、大棚进行水产养殖,由于起步较晚,其相关标准更为缺乏。因此应结合其他农业温室、大棚的标准,根据我国不同地区气候特点,制定相关的行业标准或地方标准。

2. 相关技术有待提高

● 由于不同地区气候条件的差异极大，对温室、大棚的结构要求也有所不同。因此，对于北方地区的温室、大棚，应加强保温性能研究，以减少冬季的热能损耗；对于南方地区的温室、大棚，则应加强对夏季通风装置的研究，以解决夏季温室温度过高的问题。

● 对成本低、方便安装、抗风防雨、承重力好的新型温室、大棚建筑材料有待进一步研究和开发。

● 加强对现代化温室的控制系统软件的开发。有待于开发出可以根据养殖生物的习性及日光照量、水温和溶解氧等环境因子的相互联系和作用，将室内环境调节至最适宜水平的控制软件。

适宜温室、大棚养殖的主要水产动物种类

一般养殖的水产动物都可用于温室、大棚养殖，如罗非鱼、淡水白鲳、革胡子鲶、大口鲶、斑点叉尾鮰、石斑鱼、鲤鱼、鲫鱼、草鱼、青鱼、团头鲂、金鱼、锦鲤、鳖、南美白对虾等。

温室设施水产安全养殖技术

温室、大棚水产养殖动物的选择

● 考虑到充分发挥温室、大棚的作用，提高温室、大棚养殖的经济效益，一般选择经济价值较高的养殖品种和暖水性的水产动物，如罗非鱼、淡水白鲳、革胡子鲶、大口鲶、斑点叉尾鮰、石斑鱼、金鱼、锦鲤、鳖、南美白对虾等。

● 利用温室、大棚养殖，可延长当年的生长期，对一些养殖动物的越冬有一定的好处，可选择需要较高水温越冬的水产动物进行养殖。

温室、大棚水产养殖的发展趋势

目前温室、大棚水产养殖有两个明显的发展趋势：一是工厂化，二是现代化。

1. 工厂化

● 水产动物工厂化养殖是随着科学技术的进步而发展起来的一种新的养殖生产方式。这种养殖方式是在温室、大棚养殖的基础上，通过对生产中水质、水温、饵料、防疫、吸污、分选、起捕、污水处理等环节进行人工控制或自动控制，而实现的一种高产值的养殖模式。

● 水产动物工厂化养殖除了具有产量高、养殖周期短、饲料系数低和劳动生产率高等诸多优点外,还有节水增效的特点。1981年,在意大利召开的有70个国家和地区参加的国际水产养殖会议,就将"水产养殖工厂化"作为重点之一,1998年5月在美国召开的世界水产大会的主题之一为"水产养殖循环系统"。目前,德国、美国、法国、丹麦、加拿大、日本等国代表着世界高密度水产养殖的先进水平;我国台湾省的机械化、集约化水产养殖也具有相当的规模和水平。

2. 现代化

● 现代化主要是将计算机控制系统应用于温室、大棚的日常管理,在常规温室、大棚的基础上,实现操作和控制的自动化、智能化。结合温室、大棚内的物理模型、养殖动物的生长模型和温室生产的经济模型,使养殖管理和环境调控完全由计算机控制。

● 相对于工厂化水产养殖,现代化的实现程度还较低,其中的主要原因一是缺少相应的控制程序的开发;二是水产养殖业相对于种植业和畜禽养殖业,科技发展仍较为落后,需要广大科技人员和行政部门的重视和支持。

温室设施水产安全养殖技术
WENSHI SHESHI SHUICHAN ANQUAN YANGZHI JISHU

第二讲　温室设施水产养殖场的设计与建造

话题 1　养殖场的规划

养殖场的选址要求

温室、大棚水产养殖场的选址既和常规性水产养殖场类似，又对场地有更高的要求。

● 首先，要符合一般性养殖场所的要求，即养殖场周围有方便的水源，没有工业"三废"及生活、医疗垃圾等污染源。养殖池塘底质有毒、有害物质含量应符合国家的相关标准。养殖场内要交通方便、路面整洁；池塘规划整齐、成片、规范；供电、排灌水设备齐全；管理房规划统一，具有现代气息，方便养殖工具及物资的存放；生活场所卫生、整洁、美观。

● 其次，因为修建温室和大棚的需要，场地要求东南西三面空旷，无高大建筑、山岗、树木遮阴，光照充足，同时，北侧要适度开阔，避免死角建棚、影响通风降温。同时，要求地势平坦，灌水方便，排风容易。

● 最后，还要考虑地区经济发展和气候状况的情况，选择适宜的温室和大棚建筑材料和设计形式。

 **规划布局**

1. 养殖场规划布局的重要性

由于用温室、大棚进行水产养殖的投资大，因此在养殖场施工前，一定要做好养殖场的总体规划。对养殖设施、附属设施等做出合理安排，不仅涉及施工、投资金额，还要保证今后生产顺利进行。

2. 养殖场规划布局的注意事项

整体规划以方便施工、节约投资成本、便于养殖生产管理为原则，一般需要注意以下几个方面的问题：

● 小规模养殖场要考虑温室或大棚之间以及它们与外部之间的联系进行布局。大规模养殖场还要考虑锅炉房等附属建筑物和办公室、宿舍等非生产用房的布局。

● 场内道路应便于产品的运输和机械通行，主干道路宽要达6米，允许2辆汽车并行或对开，支路宽最好能在3米左右。大型连栋温室或日光温室群应划分为若干个养殖小区，每个小区成一个独立体系。所有公共设施，如办公室、仓库、料房、机井、水塔等应集中设置、集中管理。

● 水源、蓄水池位置安排在养殖场最高处,便于自流灌池,节约电能。温室、大棚尽可能建在养殖场中心位置或能看到全部鱼池的地方,便于生产和值班管理。

● 对鱼苗池、亲鱼池、产卵池、孵化池要进行系列配套、合理布局,养殖场养鱼生产所需要的鱼种以本场培育较好。亲鱼池、产卵池、孵化池等建在接近水源、注排水特别方便之处。产卵池和孵化设施紧密相靠并邻近亲鱼池一侧,便于亲鱼运输。鱼种池围绕鱼苗池,并与成鱼池毗邻,这样鱼苗下塘,鱼种出池分养、搬运比较方便。

● 鱼池东西走向,以增加光照,提高水温,利于培育良好的水质。每个鱼池有各自独立的进、排水管道,不能相互串联,避免鱼病的传播。

● 温室、大棚养殖和普通露天池塘结合养殖观赏鱼比较好,能扩大养殖规模,也能减少投资。

话题 2 日光温室的设计和建造

 **什么是日光温室?**

● 通常把温室内的热量来源(包括夜间)主要来自太阳辐射的温室称为日光温室。

温室设施水产安全养殖技术

● 日光温室主要由围护墙体、后屋面和前屋面三部分组成，简称日光温室的"三要素"。后屋面主要起保温作用，围护墙体既是承力结构，又是保温结构。前屋面是日光温室的全部采光面，温室所有自然能量的获得都要依靠前屋面。

● 日光温室是在单面坡温室的基础上不断完善、提高，开发出来的一种适合我国气候条件和国情的温室形式，日光温室成本低廉，保温效果好。

● 它以太阳能为主要能源，前屋面夜间覆盖活动保温被进行越冬养殖，正常条件下，在我国北方地区使用，不用人工加温即可保持室内外温差达 10～25 摄氏度。

● 经过多年的发展，根据不同地区的气候特点，从材料和结构上都有了很多改进，发展到现在已有玻璃日光温室、单层波浪板日光温室、双层 PC 板日光温室、单层塑料膜日光温室等较先进类型。

● 水产养殖场的温室主要用于养殖品种的越冬和繁育需要，水产养殖场温室建设的类型和规模取决于养殖场的生产特点、越冬规模、气候因素以及养殖场的经济状况等。

日光温室的结构

1. 日光温室的构成要素

● 日光温室大棚的结构主要由墙体、后屋面、前屋面三大部分构成。

● 墙体又分为后墙和两面山墙。后墙指平行于日光温室屋脊，位于大棚北侧的墙体。山墙指垂直于日光温室屋脊的两侧墙体。墙体主要有三方面的功能：一是保温，二是蓄热，三是支撑后屋面和前屋面。

● 后屋面主要是指后墙与屋脊之间的斜坡，又称后坡。它是利用保温性能比较好的材料铺制而成，后屋面的主要功能是保温。

● 前屋面主要是指由屋脊至温室前沿的采光屋面，又称采光屋面。它主要由骨架、透明覆盖物和不透明覆盖物三部分构成。骨架主要起支撑作用，透明覆盖物主要用于采光，不透明覆盖物主要用于夜间保持棚内合理的温度与湿度。

2. 日光温室的结构形式

日光温室的构造如图 2—1 所示。

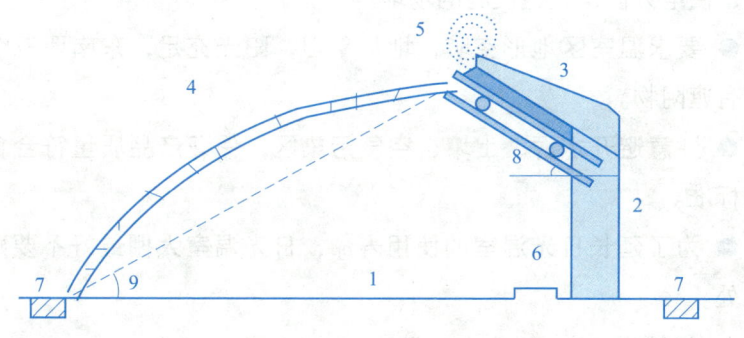

图 2—1 日光温室的构造

1—养殖池 2—后墙 3—后屋面 4—前屋面
5—草苫 6—人行道 7—防寒沟 8—后屋面仰角 9—前屋面仰角

温室设施水产安全养殖技术

- 在温室中用来支撑棚架的是立柱。
- 与立柱连在一起对整个棚面起骨架作用的称为棚架。
- 东西设置的三根横向拉杆对整个棚架起横向支撑作用。
- 覆盖在前屋面起采光保温作用的是塑料薄膜。
- 在温室一端山墙外侧连接建有一个小房间作为出入温室的缓冲间,兼做工作室和储藏间。

日光温室的选址和规划

1. 选址原则

- 根据水产养殖的需要,日光温室首先应选择水源充足、水质优良、供电方便、交通便利的场地。
- 要求温室区地形空旷,地势平坦,阳光充足,东南西三个方向没有遮阴物。
- 注意避开水源、土壤、空气污染区,保证产品质量符合食品卫生标准。
- 为了延长日光温室的使用寿命,日光温室大棚最好不要建在风口处。

2. 场地规划

地点选好以后,要对它进行总体规划。

- 确定日光温室大棚的走向，日光温室应建成坐北朝南方向，并偏西（阴）3～5度为好。这样的方向，接受光照时间长，光能利用率高。若因地形地势等原因，达不到以上要求，也应尽力调整，使之在偏西10度至偏东5度范围内。方法如下：中午12点至12点20分之间，在地面插一根垂直标杆，通过观察，选取其最短投影，然后做其垂直线，再以该垂直线为准，偏阴5度画直线，所画直线即为温室后墙方向基准线。

- 日光温室东西长50～70米比较适宜，若长度短于40米，则温室体积偏小，保温性能降低，遇到严寒天气，室内易发生冷害或冻害。若长度超过80米，则拉盖草苫的时间长，管理不方便。

- 日光温室的高度与南北跨度，应根据纬度来定。因为高度与跨度决定着温室采光面的角度，采光面的角度又左右着阳光入射角的大小。保证阳光有较大的透光率，其入射角应小于40度。因为太阳光的透光率与光线入射角关系密切，其入射角在0～40度范围内，随入射角的增大，光线的透光率下降，但变化不明显；当入射角大于40度以后，随入射角的增大，其透光率明显、甚至急剧下降。温室宽 = 温室最高点高度 $\times \cot A$（A 为采光面角度）+ 后坡面的投影长度。

不同纬度地区日光温室最佳采光面角度见表2—1。

表 2—1　不同纬度地区日光温室最佳采光面角度

纬度（度）	32	33	34	35	36	37	38	39	40	41	42	43
理想角（度）	55.3	56.3	57.3	58.3	59.3	60.3	61.3	62.3	63.3	64.3	65.3	66.3
合理角（度）	15.3	16.3	17.3	18.3	19.3	20.3	21.3	22.3	23.3	24.3	25.3	26.3
最佳角（度）	30.0	30.7	31.5	32.2	32.9	33.7	34.4	35.2	35.9	36.6	37.4	38.1

● 在规划格局过程中，还要考虑温室与温室之间的间隔距离。温室与温室之间的间隔距离如果过小，前边的温室就会遮住后面温室的光线，后边温室的采光效果自然会受到影响。所以温室与温室之间的间隔距离，基本要求就是要做到相邻温室之间，不能相互遮光。因此要依据棚内高度和棚内宽度来确定相邻温室之间的间隔距离，相邻温室之间的间隔距离一般以前边温室的脊高为基数，温室与温室之间的间隔距离等于前边温室脊高的 2.5～3 倍。

3. 日光温室的建造

（1）放线定位　先将预备好的线绳按规划好的方位拉紧，用石灰粉沿着线绳方向划出日光温室的长度，然后再确定日光温室的宽度，注意划线时，日光温室的长与宽之间要成 90 度夹角，划好线，夯实地面，就可以开始建造墙体了。

（2）墙体的建造　日光温室大棚墙体建造大致有两类，一类是土墙，另一类是空心砖墙。

● 土墙　土墙可用挖掘机就地取土压实、切齐南面及山墙里面，底部宽6米，顶部宽2米，切齐以后南面高度3.5米。这种墙体造价低廉、保温效果好，但是占地略多。

● 空心砖墙　为了保障墙体的坚固性，建造时首先要开沟砌墙基。挖宽约1米的墙基，墙基深度一般应距原地面40～50厘米，然后填入10～15厘米厚的掺有石灰的二合土，并夯实，最后用红砖砌垒。当墙基砌到地面以上时，为了防止土壤水分沿着墙体上返，需在墙基上面铺上厚约0.1毫米的塑料薄膜。在塑料薄膜上部用空心砖砌墙时，要保证墙体总厚度为70～80厘米，即内、外侧均为24厘米的砖墙，中间夹土填实，墙身高度为2.5米，用空心砖砌完墙体后，外墙应用砂浆抹面找平，内墙用白灰砂浆抹面。

（3）后屋面的建造　日光温室大棚的后屋面主要由后立柱、后横梁、檩条及上面铺设的保温材料四部分构成。

● 后立柱主要起支撑后屋顶的作用，为保证后屋面坚固，后立柱一般可采用水泥预制件做成。

● 后横梁置于后立柱顶端，呈东西向延伸。

● 檩条的作用主要是将后立柱、后横梁紧紧固定在一起，它可采用水泥预制件做成，其一端压在后横梁上，另一端压在后墙上。檩条固定好后，可在檩条上东西方向拉60～90根10～12号的冷拔铁丝，铁丝两端固定在温室山墙外侧的土中。铁丝固定好以后，可在全部后屋面上部铺一层塑料薄膜，然后再将保温材料铺在塑料薄膜上。在我国北方大部分地区，后屋面多采用草苫保温材料进行覆盖，草苫覆盖好以后，可再盖一层塑料薄膜，为了防止塑料薄膜被大风刮起，可用些细干土压在薄膜上面，后屋面的建造就完成了。

（4）支撑骨架的建造　日光温室的骨架构造可分为水泥预制件与竹木混合构造、钢架竹木混合构造和钢架构造。

● 水泥预制件与竹木混合构造特点　立柱、后横梁由钢筋混凝土柱形成；拱杆为竹竿，后坡檩条为圆木棒或水泥预制件。中间立柱分为后立柱、中立柱、前立柱。

● 钢架竹木混合构造特点　主拱梁、后立柱、后坡檩条由镀锌管或角铁形成，副拱梁由竹竿形成。

● 钢架构造特点　全部骨架构造由钢材形成，无立柱或仅有一排后立柱，后坡檩条与拱梁连为一体，中纵肋（纵拉杆）3~5根。

（5）日光温室大棚外覆盖物的选用　日光温室大棚的外覆盖物主要有透光覆盖物和不透光覆盖物两大类。

①覆盖物　一般采用厚度为0.08毫米的EVA膜透光覆盖物进行覆盖，这种薄膜优点：流滴防雾持效期大于6个月，寿命大于12个月，应用3个月后，透光率不会低于85%。在众多的透光覆盖物中，备受广大农户的喜爱。

②覆盖方式　利用EVA膜覆盖日光温室大棚主要有两种覆盖方式：

● 第一种就是一块薄膜覆盖法，就是从棚顶到棚基部用一块薄膜把它覆盖起来，从覆盖方式的优点来说，它没有缝隙，保温性能也很

设施农业实用技术知识普及丛书
SHESHI NONGYE SHIYONG JISHU ZHISHI PUJI CONGSHU

好；它的不足之处就是，到了晚春的时候，棚内温度过高，不便于降温。

● 第二种就是两块薄膜覆盖法，主要采用一大膜、一小膜的覆盖方法，棚面用一大膜罩起来，顶部用一块小膜把它接起来，两块薄膜覆盖好以后，要用压膜线将塑料薄膜充分固定起来，注意压膜线的两端一定要系紧系牢。两块薄膜覆盖法的优点：冬天寒冷的季节，大棚需要密封的时候，只要把两个薄膜接缝的地方交叠起来，用东西把它压紧，大棚的保温性能就比较好；到了晚春季节，大棚需要通风的时候，再把两个薄膜的接缝处拨开一个小口，这样它就变成了一个通风口，便于散热。

话题 3 现代温室的设计和建造

现代温室的特点

现代温室具有以下特点：

● 主体骨架由经热镀锌防锈处理的型钢构件组成，能够进行工厂化生产，具有相应的抗风雪等荷载的能力。

● 采用玻璃、塑料薄膜、硬质塑料、聚碳酸酯板（PC板）等透光材料覆盖及相应的卡槽、卡簧、铝合金型材或塑料型材等紧固、镶嵌构件，具有透光和保温的性能。

● 配备有遮阳、降温、加温、通风换气等配套设备和水处理、自动投饵、照明补光等养殖设施。

● 有环境调控的控制设备等，是基本不受自然气候的影响、可自动化调控、能全天候进行养殖生产的连接屋面温室。

现代温室的规格尺寸

温室采用单体尺寸、总体尺寸两种方法描述温室的建筑尺寸。

1. 温室的单体尺寸参数

温室的单体尺寸参数主要包括跨度、开间、檐高、脊高等。

● 跨度　指温室的最终承力构架在支撑点之间的距离。通常温室跨度尺寸为6.0米、6.4米、7.0米、8.0米、9.0米、9.6米、10.8米、12.8米。

● 开间　指温室最终承力构架之间的距离。通常温室开间规格尺寸为3.0米、4.0米和5.0米。

● 檐高　指温室柱底到温室屋架与柱轴线交点之间的距离。通常温室檐高规格尺寸为3.0米、3.5米、4.0米和4.5米。

● 脊高　指温室柱底到温室屋架最高点之间的距离。通常为檐高和屋盖高度的总和。

2. 温室的总体尺寸参数

（1）温室的总体尺寸　温室的总体尺寸主要包括温室的长度、宽度、总高等。

● 长度　指温室在整体尺寸较大方向的总长。

● 宽度　指温室在整体尺寸较小方向的总长。

● 总高　指温室柱底到温室最高处之间的距离，最高处可以是温室屋面的最高处或温室屋面外其他构件（如外遮阳系统等）的最高处。

（2）温室的规模与尺寸　温室的总体尺寸决定了温室的平面与空间规模，一般来讲，温室规模越大，其室内气候稳定性越好，单位造价也相应降低，但总投资增大，管理难度增加。对于温室的适宜规模要根据养殖要求、场地条件、投资等因素综合确定，但从满足温室通风的角度考虑，自然通风温室通风方向尺寸不宜大于40米，单体建筑面积宜为1 000～3 000平方米；机械通风温室进排气口的距离宜小于60米，单体建筑面积宜为3 000～5 000平方米。

现代温室的结构

1. 温室的结构分类

● 温室的承重结构　温室的承重结构主要分为立柱、屋架结构、屋盖结构和檩—椽结构。

● 温室的屋盖结构 温室屋盖结构是指承担外界作用的部位。按照屋面的传力形式,温室屋盖结构可分为:由采光材料、椽条、檩条和屋面梁组成的有檩体系和由屋面梁或天沟组成的无檩体系,如图2—2、图2—3所示。

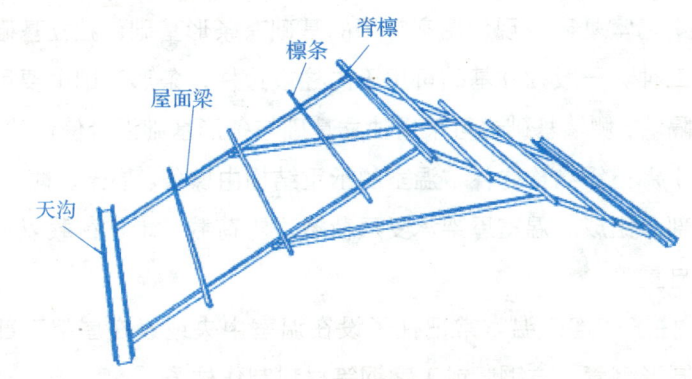

图 2—2 有檩屋盖结构

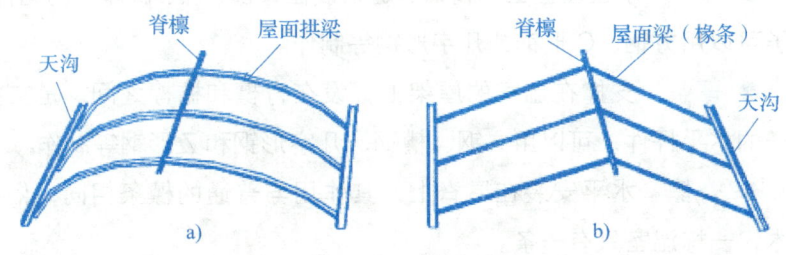

图 2—3 无檩屋盖结构

a)柔性覆盖材料屋面 b)小跨度刚性覆盖材料屋面

● 温室的屋架结构 温室屋架结构是指由屋面梁与立柱一起组成的温室结构的主要承力系统。根据跨度不同又分为两种类型:桁架式屋架结构，跨度在8.0~12.0米，最大15.0米；组合式屋架结构，常用于跨度大于12.0米的温室结构中。

2. 温室的结构组成

连栋温室一般由基础、钢结构、覆盖材料以及环境控制设备等组成。

（1）温室基础　现代温室常用的基础有条形基础、独立基础和混合基础三种。一般独立基础可用于内柱或边柱，条形基础主要用于侧墙和内隔墙，侧墙基础也可采用独立基础与条形基础混合使用的方式。

（2）温室钢结构构件　温室的承重结构由檩条、屋架、柱、桁架、基础等部分组成。温室屋架承受风荷载、雪荷载、地震荷载以及屋面材料的自重等。

● 柱子　连栋温室常把柱子设在温室中央或设在屋架下部。一般使用圆形钢管、方钢管或工字钢等材料制作柱子。

● 椽子　承担屋面上的荷载，是架设在脊檩、檩、檐檩上的构件。椽子可以用方钢、C形钢、几字形钢等制作。

● 檩条　支撑在温室的屋架上，设在脊檩和檐檩之间，是支撑椽子的水平杆件，可以用方钢、槽钢、几字形钢和Z形钢等制作。

● 脊檩　水平安装在屋脊上，其作用与普通的檩条相同，俗称栋木，一栋温室只有一条。

● 檐檩（横梁）　设在墙体上端，是连接柱子上端的水平杆件。

● 梁（下弦）　梁是和柱子垂直相对，平放或接近平放的杆件，屋架下面的梁也称为下弦杆。

● 屋架（上弦）　支撑屋面形成一定坡度的构件就是屋架，屋架两端与立柱相连。屋架承受来自屋面、檩条上的荷载，温室除了圆拱形屋顶、单坡屋顶之外，多用三角形屋架。

● 剪刀支撑　安装在柱子或者屋架之间，用在对角线上的斜材叫剪刀支撑。

● 天沟　天沟是温室屋顶的排水构件，承接来自屋面的雨水和雪水，两端支撑在温室柱子上。

3. 温室结构用材

● 温室主要由钢材骨架、钢筋混凝土基础、透明覆盖材料、保温幕和遮光幕，以及环境控制装置等构成。

● 骨架材料主要有三种，即普通钢材、镀锌钢材、铝合金轻型材料。透明覆盖材料主要有普通玻璃、钢化玻璃、聚碳酸酯板（PC板）、玻璃纤维加强板（FRA板）、丙烯酸树脂、塑料薄膜等。保温幕多采用无纺布，遮光幕可采用无纺布或聚酯纤维等材料。

 **现代温室的建筑材料**

现代温室常用的建筑材料有钢材、铝材、塑料和玻璃等。

● 钢材　用于温室建筑结构构件的钢材种类一般是ST37，含硅量低。为防止腐蚀，最终的产品是要镀锌的，不同的部件采用不同的镀锌方法，直接与柔性覆盖材料接触的构件，例如屋顶的圆拱与檩条采用电镀锌法；不直接与聚乙烯膜接触的所有构件都应用热浸镀锌法。

● 铝材　铝材的抗锈蚀能力好、质量轻，且易于加工成任何一种所期望的断面形状。但铝的强度不如钢，且比钢材贵得多。在温室建筑上使用的许多构件都是由铝制成的，如与通风系统有关的所有构件，包括屋脊檩条；用于玻璃覆盖的所有椽子等。

● 塑料　用于温室的塑料材料有聚氯乙烯（PVC）、高密度聚乙烯（HDPE）、聚丙烯和聚碳酸酯（PC），其他一些PVC部件常用于代替铝构件或配件，如用于卷幕机构的连接部件、保温与遮光幕、格架系统等。

● 玻璃　玻璃一般用作覆盖材料。大块玻璃的生产供给使得结构的遮阴率降低，同时也减少了安装费用。荷兰温室有的使用了从屋檐到屋脊的整块大玻璃。玻璃的优点是透光率可达90%左右，具有较优的热阻和隔紫外线能力，耐磨、寿命可达25年，热胀冷缩系数低，取材方便。缺点是抗碰撞性能低（钢化玻璃例外），价格高，质量重，易被打破，且破裂以后不容易清理等。

现代温室的主要构件

温室的主要构件可分为柱、圆拱与拱架、天沟、基础和结构节点五部分。

1. 柱

● 温室立柱的断面形状主要有圆管、矩形方管、C形钢或工字钢等开口断面。

● 在轻型温室中，圆管是使用非常普遍的一种断面形状。大多数法国和荷兰塑料温室的制造商常用圆管，且大部分用电镀处理。

● 圆管的最大优点是各向同性，断面标准且取材容易。其缺点是难于加工制造；钻孔之处无镀锌保护；几乎不可能知道或看清管子的内部状况；由于可能产生滑动，管与管之间不能采用简单的夹板装置连接来确保固定不动。

● 矩形方管的特点与圆管很相似，但比圆管容易加工与连接。开口断面很容易加工，所有孔口都由冲孔完成，最终成品尺寸较精确，更易于装配，通常是加工好后再热浸镀锌，各断面状况都可以观察，且若观察到有问题，可以很容易地加以解决。

2. 圆拱与拱架

● 圆拱可采用封闭的或开口的断面形状。

● 上述柱的所有优缺点几乎也同样存在于拱架。

3. 天沟

● 天沟是温室最重要的构件之一。它作为纵向结构构件起支撑作用，应能排泄所有雨水，并且其强度应至少满足2名工人站在天沟中部进行覆盖材料的安装与检修等。

● 天沟的长度一般为3～5米，材料一般用热浸镀锌钢板制成。

4. 基础

● 基础是连接结构与地基的构件,它必须将全部重力、吸力和倾覆荷载,如风、雪荷载等安全地传至地基。

● 基础底部应低于冻土层,并应设置在原状土层平面上,而不能设在填充土上。基础底面的大小和深度应根据温室的尺寸和土壤条件而定,最小深度为低于自然地面60厘米。

● 基础之间的安装尺寸及水平面上的准确性将影响温室上部结构总体装配过程的难易程度和装配速度。

● 在安置基础时,注意沿天沟方向要有1%～2%的坡度;而在垂直天沟方向,其坡度应尽可能为0,最大坡度不应超过2%。对天沟较长的温室,在地坪上设置基础的坡度为从中间向两端方向逐渐降低。

5. 结构节点

● 一个结构框架的强度只等同于其最弱的节点的强度,就连接方法和自身的连接强度而言,对所有构件的连接都必须有合适的连接件。真正使温室坚固和安全的是不同结构节点的设计与施工质量。有些节点是由焊接而成,但主要节点应用螺栓和螺母将各连接构件相互连接在一起。

 现代温室的设计荷载

温室的结构设计在考虑最大透光量的同时,还必须确保安全。因

此，不透明的温室骨架要满足一定的强度要求以抵御在温室设计寿命期间的荷载作用。

● 设计荷载包括结构的自重（恒载）、由于建筑物使用带来的荷载（活载），以及雪、冰雹和风等荷载。

● 恒载是指支撑结构、墙和屋面的重量，不包括永久性设备的重量。

● 雪荷载是根据地面预计的积雪量、屋面坡度、温室是否有天沟连接，以及是否加热等确定的（在有雪地区，相邻温室的最小距离应保持3米，用于堆积雪）。

● 温室所设计的抗风载能力应符合当地建筑规范的要求。实际的风荷载取决于风向角度（风向是指产生最大风荷载的方向）、温室形状和尺寸，以及当地有无障碍物等。

● 安装设备荷载取决于加热设备、降温通风设备和遮阴设备、输送管道、电缆线和照明设备、运输轨道、玻璃清扫装置、增氧系统以及屋顶上施工检修的人等。

温室设计过程中应注意的问题

● 结构的强度要求　温室的基础、柱子、屋架、桁架、天沟、节点以及配套铝合金型材等需要足够的设计强度。

● 结构的刚度要求　有足够的刚度，构件受力后产生的最大变形应该在规定的范围之内。

● 结构的稳定性要求　温室钢结构构件要求有足够的稳定性，保证结构在局部破坏和偶然外力作用发生时和发生后，不对整体结构造成不良影响。使用过程中构件虽然有变形，但仍然保持它本来的几何形状，不致突然偏斜而丧失其承载能力。

● 结构的耐久性要求　温室设计和施工过程中通过合理的选材、结构造型、节点设计、防腐处理和正确的施工安装等，保证温室结构在正常使用条件下达到结构的设计使用寿命。

温室外观如图2—4所示，温室内观如图2—5所示。

图2—4　温室外观

图2—5 温室内观

话题 4 塑料大棚的设计和建造

什么是塑料大棚？

● 塑料大棚俗称冷棚，是一种简易实用的保温性设施，由于其建造容易、使用方便、投资较少，随着塑料工业的发展，被世界各国普遍采用。

● 利用竹木、钢材等材料,并覆盖塑料薄膜,搭成拱形棚,能够避寒保暖,延长水产动物的生长周期,缩短养殖周期,提高经济效益。

塑料大棚的类型

● 按照棚顶的形状可以将塑料大棚分为拱圆形和屋脊形,我国采用的大部分都是拱圆形。

● 按照造大棚的骨架材料又可以分为竹木结构、钢架混凝土结构、钢架结构、钢竹混合结构等。

● 按大棚间的连接方式又可以分为单栋式大棚、双连式大棚和多连式大棚。

● 根据具体情况和池塘地理条件可以选择不同的材料和大棚样式。

塑料大棚的构造

大棚的结构可以大体分为棚架和棚膜,棚架一般由立柱、拱杆、拉杆、压杆等部件组成,就是俗称的"三杆一柱"。另外,为方便出入,会在大棚的两端或者一端设立棚门,如图2—6所示。

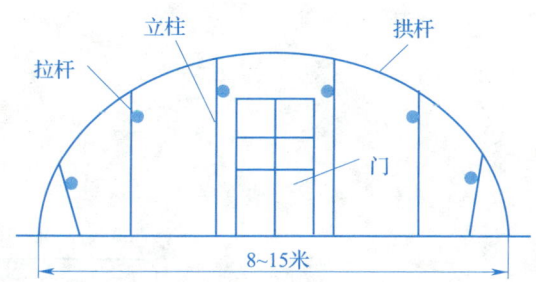

图 2—6 竹木结构大棚骨架横剖面示意图

● 立柱 立柱是大棚的主要支撑,承受棚架、棚膜的重量以及雨雪负荷和风压力的作用。立柱可以采用竹木、钢架、混凝土柱等。可根据当地条件和养殖户所能接受的条件自行选择,现在大多采用钢架结构的立柱,因为它不仅结实耐用,而且易于与棚顶的架子连接。立柱要固定好,以防大棚下沉或被拔起,防止被风吹倒。立柱一般埋土深度为 50 厘米左右。

● 拱杆(拱架) 拱杆是支撑塑料膜的部分,横向固定在立柱上面。现在水产养殖的大棚几乎都是钢管制成的拱杆。拱杆间距一般为 1.0 ~ 1.5 米。

● 拉杆 拉杆是纵向连接拱杆的,起到固定压杆、使大棚骨架成为一个整体的作用,一般也是由长钢管制成。拉杆贯穿整个棚体。

● 压膜线 压膜线是棚架搭起来铺上塑料薄膜后,用于把薄膜固定在拱杆上的线,使薄膜绷平压紧。

● 棚膜 棚膜就是覆盖于棚架上的塑料薄膜。一般是采用 0.1 毫米左右厚的聚氯乙烯或者聚乙烯薄膜以及醋酸乙烯薄膜,这些都是专

温室设施水产安全养殖技术
WENSHI SHESHI SHUICHAN ANQUAN YANGZHI JISHU

用于覆盖塑料薄膜大棚的,其耐候性及其他性能都和其他非大棚膜有一定的区别。除了普通的聚氯乙烯和聚乙烯薄膜外,目前生产上还常使用无滴膜、长寿膜、防老化膜等各种功能性薄膜作为覆盖材料。

● 门　门设在大棚的两端,用于进出和通风。

● 天沟　连体大棚还应该在两个大棚间的连接处设置天沟,用于排除雨水。

塑料大棚的设计和建造

1. 场地的选择和设计原则

大棚的设计主要考虑场地的选择和规划及塑料大棚的规格与方向两个问题。

● 一般建造塑料大棚的场地要求东南西三面空旷,无高大建筑、山岗,树木遮阴,光照充足,同时,北侧要适度开阔,避免死角建棚影响通风降温。同时,地势平坦,灌水方便,排风容易。

● 根据养殖需要,还要求进排水方便、有电力条件、运输方便。

● 大棚建造和池塘的面积相对应,如果是新挖池塘,则500～800平方米是最适合的。大棚高度一般为2～2.8米。

● 大棚方向为南北向走势,整齐排列。这样棚内光照均匀,棚内温度一致。

2. 塑料大棚的建造

选址和设计好后，根据设计方案开始建设。按照设计方案，准备好修建材料。

（1）定位　按照大棚宽度和长度确定大棚4个角，使4个角均成直角，然后打下定位桩，在定位桩之间拉好定位线，把地基铲平夯实，最好用水平仪校正，使地基在一个平面上，以保持拱架的整齐度。

（2）搭拱架

● 按拱杆间距（圆竹结构50厘米，竹木结构60～80厘米）将作拱架的竹竿或竹片依次垂直插入土中（竹竿粗头朝下），入土深度40厘米。

● 入土部分要涂沥青防腐，另一侧按同样方法对应插好，然后弯成弧形对接，用绳绑结实成拱架。

（3）插立柱

● 立柱小头直径为5～6厘米，在立柱顶端向下30厘米处打孔，以备固定拉杆用。8米宽的棚通常设3道立柱，两边立柱距棚边1米。

● 先插中央立柱，后插边柱，每道立柱高度要一致，立柱入土深度40～50厘米，入土部分同样涂上沥青。

● 大棚的两端，将立柱和拱架固定在一起。门设立在中间，宽约0.8米，高约1.8米。插立柱时应预先留出门的位置。

（4）连接拉杆　取作拉杆的木杆或竹竿，沿棚长方向连接拱杆，并与立柱牢固接合，对称安装3～5道纵向拉杆。

（5）埋地锚　地锚是用来固定压膜线的，可用木扦或竹扦，埋入

地下50厘米并夯实,位置设在大棚两侧每两条拱杆中间。

(6)覆膜及留通风口

● 大棚薄膜用四幅膜,即顶棚膜两幅,裙膜(边膜)两幅。

● 采用四幅三道缝的扣膜方式时,顶风口位于棚顶中央处,肩风口位于两侧距地面1米高处。

● 选无风的晴天进行扣膜,以便绷紧棚膜。先扣两边的两幅,两头拉紧后,上边缘临时固定在拱杆上,下边缘及两头用土压好,埋入土中30厘米。然后扣中间的两大幅,先扣东边,后扣西边,西边的压在东边的上面,以防西北风吹袭。上边两幅的下边缘分别压在下边两幅的上面,以防雨水流入棚内。重叠20~30厘米,重叠处的膜边缘都要粘接成筒,并穿入一根5~6毫米粗的尼龙绳,以免通风时扒坏棚膜。

(7)缚压膜线

● 最好选专用压膜线,也可用包装塑料绳代替,但不能用再生塑料绳,以免迅速老化失效。

● 压膜线要松紧适度,每格拱杆间缚一根,并牢牢固定在大棚两侧的地锚上,使压膜线与棚膜通过大棚骨架的支撑构成一个拱形的均匀统一的刚体结构。

● 整体坚固,可以防8级以上大风的侵袭。

(8)二道保温幕帘及内裙膜的安装

● 为增强大棚夜间的保温效果,可进行多层覆盖。除地膜覆盖、套盖中小棚以及浮面覆盖外,还可安装内裙膜及二道保温幕帘。内裙膜高度与外裙膜高度一致,二者之间相距10厘米(下端),下边埋入土中。

● 通常在无立柱或少立柱的大棚内才好安装二道幕帘，有拉铁丝和搭内拱架两种方式。搭内拱架的，在棚肩高处将外拱杆与内拱杆连接，普遍用竹片架设，并纵向拉 2～3 根细塑料绳等距串联内拱杆，拉直，两头固定在棚两端的立柱上；纵向拉二道膜，使其与大棚膜间有 30～40 厘米的空间。

● 二道幕帘一般用于当年 12 月至来年 3 月间，在上午棚温上升时应及时拉开保温幕，增光提温；下午降温时即刻拉上保温幕，蓄热保温。

塑料大棚外观如图 2—7 所示，塑料大棚内观如图 2—8 所示。

图 2—7　塑料大棚外观

温室设施水产安全养殖技术

图2—8　塑料大棚内观

话题 5　养殖池的建造

水泥池的建造

1. 水泥池的设计与建造
- 水泥池一般应建在避风向阳，空气清新，水、电、路保证三通的地方。

● 鱼池大小根据需要而定，面积以 100～200 平方米为宜，长宽依据温室大小而定。如作为养殖商品鱼或培养亲鱼用，可稍大些。如作为产卵、孵化或鱼苗培育池可适当小些。池深一般 1.8～2.0 米，根据养殖水产动物的种类灵活掌握。

● 鱼池形状可采用长方形、方形或圆形，一般以长方形和方形池居多。池底从进水口一端向出水口倾斜，在最低处设一坑，便于排污和收鱼，坑底设一排水管，通向排水沟，排水口安装 6 英寸或 8 英寸阀门一个，管口覆盖筛网防止逃鱼。池壁离上缘 10 厘米左右设置溢水口，加盖纱网防止逃鱼。

● 北方气温低，为避免冬季鱼池冻裂，应采取钢筋水泥结构。南方可采用砖混结构。

2. 水泥池的使用

● 新修建好的水泥池，待水泥凝固后，便可立刻注满水，但不能马上使用，要先进行浸泡除碱。

● 一般注满水后，在水中加少量醋酸、盐酸或磷酸等进行中和，24 小时后排出，再重复一次，3～5 天后排掉，再放清水浸泡 2～3 遍，反复冲洗池壁，然后用老水浸泡，浸泡时间一般为两周，等池壁微现青苔，放几尾鱼试水，确认安全时再批量放鱼。如图 2—9 所示为水泥养殖池。

图 2—9　水泥养殖池

 **土池的建造**

● 土池以长方形或方形为宜，面积以 100～700 平方米为宜，池深 1.5～2.5 米。

● 具体面积和池深根据养殖的种类和大小等条件灵活确定，池坡可用砖、石、水泥预制板等材料护坡，也可进行水泥浇筑，效果比土坡要好。

● 土池面积大，管理粗放，养殖效果一般不如水泥池。

话题 6　循环水养殖的水处理技术

循环水养殖的特点

● 循环水养殖最显著的特色是水体可以循环利用，即综合运用机械、电子、化学、自动化信息技术等先进技术和工业化手段，控制养殖生物的生活环境，进行科学管理，从而摆脱土地和水等自然资源条件限制，是一种高密度、高单产、高投入、高效益的养殖方式。

● 水体循环利用，用水量大大减少，且可利用较低质水源，对水资源要求较低。

● 养殖密度高，单位水体产量大，可以减少占地面积。

● 易于控制温度、溶氧等水体的理化条件，使其保持在生物最适宜生长的范围，因此，养殖生物生长速度快，生长周期短，养殖成本低。

● 养殖用水的循环使用，使排放的废水废物减少，并且能够集中处理，降低了养殖生产对环境的影响。

● 不受外界气候的影响，可实现常年生产。

● 因为消毒设备切断了病源,所以养殖过程中可以少用药甚至不用药,生产出健康绿色安全食物。

循环水养殖的水处理技术

循环水养殖的水处理技术主要包括增氧技术、物理过滤水处理技术、生物过滤水处理技术和杀菌消毒处理技术等。

1. 增氧技术

(1)增氧的作用　溶解氧在水产养殖生产中具有重要作用,除了直接对养殖生物的生长有重要影响,还对饵料生物的生长和水中化学物质的存在形态有重要的影响,从而间接影响到养殖生产,因此增氧技术是水产养殖的关键技术。

(2)增氧方式

● 循环水养殖采用的增氧方法主要是空气增氧,具体又可以分为气石增氧方式、传统型纳米增氧方式和新型水下纳米增氧方式。

● 传统增氧方式主要采用充气器增氧,以小气泡的形式增加溶解氧含量。但是增氧效率较低,限制了养殖密度的增加,养殖密度也只能达到30～40千克/立方米。

● 纯氧增氧技术和微气泡增氧技术是较新型的增氧技术,前者是将纯氧通过特殊手段打入水体,后者使进入水体的气泡体积减小,以增加更多氧气。

2. 物理过滤水处理技术

（1）物理过滤的作用　物理过滤是循环水养殖水处理中的一个重要环节，其主要目的是去除水中悬浮固体物，如鱼粪、残饵等。因为这些细小的悬浮固体物一方面会阻塞鱼鳃、妨碍鱼的呼吸，并且其腐败会消耗溶解氧，并产生氨氮；另一方面悬浮固体物还会堵塞生物滤床，影响生物处理的效果。

（2）物理过滤的方法　去除悬浮固体物的技术主要包括集排污技术、过滤技术、沉淀技术、气浮处理技术和膜处理技术。

（3）物理过滤的主要设施　物理过滤主要设施有微粒机、砂滤罐和蛋白分离器等。

● 微粒机　微粒机的主要作用是过滤水中的固体杂质和悬浮物，滤网达到250～350目的细度，可以去除水中大部分固体污物。鱼池回水进入微粒机中，经过微粒机的过滤去除较大的颗粒污物。微粒机具有自动反冲洗功能。当微粒机滤网上的污物积累到一定程度（微粒机内水位会上升）时，反冲洗泵会自动对滤网进行反冲洗，冲洗一定时间后会自动停止（如未冲洗干净会继续自动冲洗）。如图2—10所示为微粒机。

● 砂滤罐　养殖废水经过砂滤罐中细石英砂的过滤，滤除细小的杂质。砂滤罐上面装有旋转手柄，并配有均匀分布的功能控制槽，正常使用时，手柄卡在过滤槽的位置。使用一段时间后，砂滤罐中堆积了污物，这时砂滤罐上的压力表的读数将会升高，压力到达一定程度时砂滤罐就需要进行反冲洗操作。如图2—11所示为砂滤罐。

图2—10 微粒机

图2—11 砂滤罐

● 蛋白分离器　蛋白分离器又称为泡沫分离器，通过蛋白分离器将水体净化。它是利用水中的气泡表面可以吸附混杂在水中的各种颗粒状污垢以及可溶性有机物的原理，采用充氧设备或旋涡泵产生大量的气泡，这些气泡全部集中在水面形成泡沫，将泡沫收集在水面上的容器中，它就会变为黄色的液体被排除。蛋白分离器可以有效地清除水中的有机物颗粒、蛋白质、有害金属离子等，水质净化效果较好。

3. 生物过滤水处理技术

● 生物过滤的作用　氨氮是残饵、粪便等有机物分解产生的一种有毒物质，对于水产养殖生物有很大影响。循环水处理系统中的生物过滤水处理技术，主要就是去除水体中的氨氮。

● 生物过滤的方式　一般生物过滤主要利用硝化细菌和亚硝化细菌等微生物的作用将水体中的氨氮转化为一般不具毒性的硝态氮后去除。

● 生物过滤的设备　生物滤池或生物滤塔对养殖废水进行生化处理和物理处理，是一种生物过滤器，利用滤料表面形成的"生物膜"（各种好气性水生细菌——由分解菌和硝化菌、霉菌和藻类等生物组成）去除溶于水中的氨氮等有机物，即水从滤料间隙流过"生物膜"，将水中的有机物分解成无机物，并将氨氮转化成对鱼类无害的硝酸盐。生物滤池由池体和全塑六边形蜂窝填料组成，池底部设增氧管和排污管，如图2—12所示。

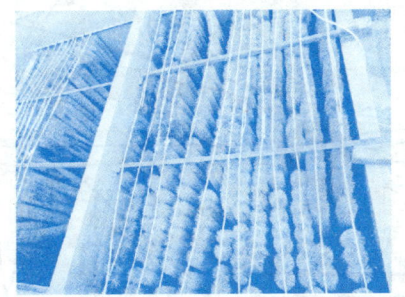

图2—12　生物滤池

4. 杀菌消毒处理技术

● 杀菌消毒的目的　除了固体悬浮物、氨氮等物理化学有害物质，水体中的细菌和病毒，是导致养殖生物疾病甚至死亡的罪魁祸首，因此，在循环水处理过程中，必须对其进行处理。

● 杀菌消毒的方法　常采用的有紫外线消毒和臭氧消毒两种方法。

● 杀菌消毒的设施　紫外线杀菌器中的紫外灯所发射的紫外线

温室设施水产安全养殖技术
WENSHI SHESHI SHUICHAN ANQUAN YANGZHI JISHU

会将水中的细菌杀死,从而减少鱼类的病害。使用时要注意:确定有正常的水量流过杀菌器时,才能开启杀菌器的电源,以免损坏杀菌器。如图2—13所示为紫外线杀菌器。

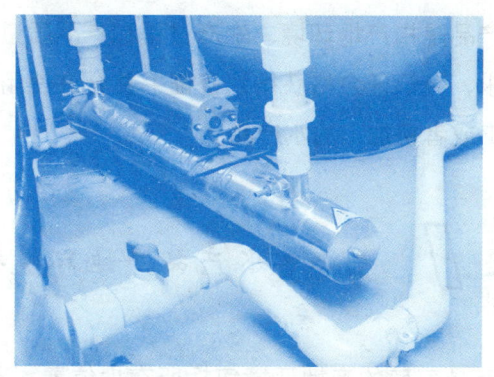

图2—13 紫外线杀菌器

循环水养殖水处理系统工艺流程

一般循环水养殖水处理系统工艺流程如图2—14所示。

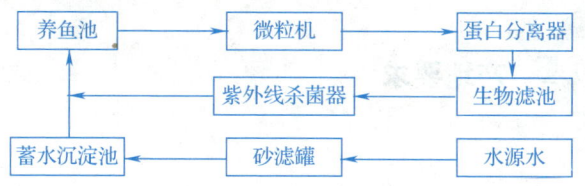

图2—14 循环水养殖水处理系统工艺流程

第三讲　无公害水产品养殖技术要点

无公害水产品是指产地环境、生产过程和产品质量符合国家有关标准和规范要求，经认证合格获得认证证书并允许使用无公害水产品标志的未经加工或者初加工的水产品。

话题 1　无公害水产品产地环境要求

无公害水产品养殖的产地环境包括所在地位置、当地空气质量、水源、水质、底质等因素。无公害水产品产地的环境对渔业水域土壤环境质量、渔业用水标准和渔业大气环境质量等都做了要求，必须符合《农产品安全质量　无公害水产品产地环境要求》(GB/T 18407.4—2001)的规定，淡水养殖用水水质符合 NY 5051—2001 的规定，海水养殖用水水质符合 NY 5052—2001 的规定，养殖基地必须经过认证。

产地要求

● 养殖地应是生态环境良好，不受或不直接受工业"三废"及

设施农业实用技术知识普及丛书
SHESHI NONGYE SHIYONG JISHU ZHISHI PUJI CONGSHU

农业、城镇生活、医疗废弃物污染的水（地）域。

● 养殖地区域内及上风向、灌溉水源上游，没有对产地环境构成威胁的污染源（包括工业"三废"、农业废弃物、医疗机构污水及废弃物、城市垃圾和生活污水等）。

水质要求

水质质量应符合《渔业水质标准》（GB 11607—1989）的规定。

底质要求

● 底质无工业废弃物和生活垃圾，无大型植物碎屑和动物尸体。
● 底质无异色、异臭，自然结构。
● 底质中有害有毒物质最高限量应符合表3—1的规定。

表3—1　　底质中有害有毒物质最高限量

项目	指标（毫克/千克，湿重）
总汞	≤ 0.2
镉	≤ 0.5
铜	≤ 30

续表

项　　目	指　标（毫克/千克，湿重）
锌	≤ 150
铅	≤ 50
铬	≤ 50
砷	≤ 20
滴滴涕	≤ 0.02
六六六	≤ 0.5

话题 2　无公害投入品的使用

饲料和饲料添加剂的使用原则

● 使用渔用饲料应当符合《饲料卫生标准》《饲料和饲料添加剂管理条例》和《无公害食品　渔用配合饲料安全限量》（NY 5072—2002）的要求。

● 禁止使用无产品质量标准、无质量检验合格证、无生产许可证和产品批准文号的饲料、饲料添加剂，禁止使用变质和过期饲料。

● 加工渔用饲料所用原料应符合各类原料标准的规定，不得使用受潮、发霉、生虫、腐蚀变质和受到石油、农药、有害金属等污染的原料。

● 合理利用含有毒有害物质的饲料原料，饲料原料中的有毒有害物质可通过物理、化学及生物等脱毒方法和钝化技术来降低或除去毒性，并提高饲料的利用率，如皮革粉应经过脱铬、脱毒处理，大豆原料应经过破坏蛋白酶抑制因子的处理。

● 使用的药物添加剂种类及用量应符合《饲料药物添加剂使用规范》《无公害食品　渔用药物使用准则》（NY 5071—2002）、《禁止在饲料和动物饮用水中使用的药物品种目录》和《食品动物禁用的兽药及其他化合物清单》的规定，若有新的公告公布，按新规定执行。

● 饲料中严禁添加未经许可使用的药物（如抗生素、喹乙醇、激素等）做添加剂，也不得在饲料中长期添加抗菌药物。对使用效果好的抗生素替代产品可积极放心使用。

● 防止在饲料中过量使用微量元素，虽然高铜或高锌对动物的生长有一定的促进作用，但过量使用一方面造成微量元素在动物肝脏中的大量沉积；另一方面造成环境污染，进而影响人类健康。

● 防止在加工、生产、运输、储存过程中化学物质对饲料的污染，防止饲料霉变，防止沙门氏菌、大肠杆菌等微生物的污染，防止使用营养不均衡、配比不合理、利用效率低的饲料而污染水环境。

渔用配合饲料的安全限量见表3—2。

表3—2　渔用配合饲料的安全限量（NY 5072—2002）

项目	限量	适用范围	试验方法
汞（以 Hg 计）（毫克/千克）	≤ 0.5	各类渔用饲料	GB/T 13081—1991
铅（以 Pb 计）（毫克/千克）	≤ 5.0	各类渔用饲料	GB/T 13080—1991
无机砷（以 As 计）（毫克/千克）	≤ 3	各类渔用饲料	GB/T 5009.45—1996
镉（以 Cd 计）（毫克/千克）	≤ 3 ≤ 0.5	虾类配合饲料 其他渔用配合饲料	GB/T 13082—1991
铬（以 Cr 计）（毫克/千克）	≤ 10	各类渔用饲料	GB/T 13088—1991
氟（以 F 计）（毫克/千克）	≤ 350	各类渔用饲料	GB/T 13083—1991
游离棉酚（毫克/千克）	≤ 300 ≤ 150	温水杂食性鱼类、虾类配合饲料 冷水性鱼类、海水鱼类、配合饲料	GB/T 13086—1991
氰化物（毫克/千克）	≤ 50	各类渔用饲料	GB/T 13084—1991
多氯联苯（PCBs）（毫克/千克）	≤ 0.3	各类渔用饲料	GB/T 9675—1988
异硫氰酸酯（毫克/千克）	≤ 500	各类渔用饲料	GB/T 13087—1991
噁唑烷硫酮（毫克/千克）	≤ 500	各类渔用饲料	GB/T 13089—1991
油脂酸价（KOH）（毫克/千克）	≤ 2 ≤ 6 ≤ 3	渔用育苗饲料 渔用育成饲料 鳗鲡育成饲料	SC 3501—1996
黄曲霉毒素 B1（毫克/千克）	≤ 0.01	各类渔用饲料	按 GB/T 8381—1987、GB/T 17480—1998 进行，前者为仲裁方法
六六六（毫克/千克）	≤ 0.3	各类渔用饲料	GB/T 13090—1991
滴滴涕（毫克/千克）	≤ 0.2	各类渔用饲料	GB/T 13090—1991
沙门氏菌（cfu/25 克）	不得检出	各类渔用饲料	GB/T 13091—1991
霉菌（不含酵母菌）（cfu/克）	$\leq 3 \times 10^4$	各类渔用饲料	GB/T 13092—1991

正确使用渔药

● 渔药的使用必须符合《兽药管理条例》和《无公害食品 渔用药物使用准则》(NY 5071—2002)的有关规定。

● 严禁使用未取得生产许可证、批准文号、产品执行标准号的渔药,严禁使用假冒、伪劣渔药,严禁使用农业部规定禁止使用的药品、其他化合物和生物制剂。

● 原料药不得直接用于水产养殖。

● 外用泼洒药及内服药具体用法及用量应符合水产行业标准《无公害食品 渔用药物使用准则》(NY 5071—2002)的规定。

食品动物禁用的兽药及其他化合物见表3—3。

表3—3　食品动物禁用的兽药及其他化合物

序号	名　称	禁止用途	禁用动物
1	β—兴奋剂类:克仑特罗、沙丁胺醇、西马特罗及其盐、酯及制剂	所有用途	所有食品动物
2	性激素类:己烯雌酚及其盐、酯及制剂	所有用途	所有食品动物
3	具有雌激素样作用的物质:玉米赤霉醇、去甲雄三烯醇酮、醋酸甲羟孕酮及制剂	所有用途	所有食品动物
4	氯霉素及其盐、酯(包括:琥珀氯霉素)及制剂	所有用途	所有食品动物
5	氨苯砜及制剂	所有用途	所有食品动物
6	硝基呋喃类:呋喃唑酮、呋喃它酮、呋喃苯烯酸钠及制剂	所有用途	所有食品动物

续表

序号	名称	禁止用途	禁用动物
7	硝基化合物：硝基酚钠、硝呋烯腙及制剂	所有用途	所有食品动物
8	催眠、镇静类：安眠酮及制剂	所有用途	所有食品动物
9	林丹（丙体六六六）	杀虫剂	所有食品动物
10	毒杀芬（氯化烯）	杀虫剂、清塘剂	所有食品动物
11	呋喃丹（克百威）	杀虫剂	水生食品动物
12	杀虫脒（克死螨）	杀虫剂	水生食品动物
13	双甲脒	杀虫剂	水生食品动物
14	酒石酸锑钾	杀虫剂	水生食品动物
15	锥虫胂胺	杀虫剂	水生食品动物
16	孔雀石绿	抗菌、杀虫剂	水生食品动物
17	五氯酚酸钠	杀螺剂	水生食品动物
18	各种汞制剂包括：氯化亚汞（甘汞）、硝酸亚汞、醋酸汞、吡啶基醋酸汞	杀虫剂	水生食品动物
19	性激素类：甲基睾丸酮、丙酸睾酮、丙酸诺龙、苯甲酸雌二醇及其盐、酯及制剂	促生长	动物
20	催眠、镇静类：氯丙嗪、地西泮（安定）及其盐、酯及制剂	促生长	所有食品动物
21	硝基咪唑类：甲硝唑、地美硝唑及其盐、酯及制剂	促生长	所有食品动物

● 严格执行渔药的休药期，使用药物的养殖水产品在休药期内不得用于人类食品消费。常用渔药休药期见表3—4。

表3—4　　　　　常用渔药休药期

序号	药物名称	停药期（天）	适用对象
1	敌百虫（90%晶体）	≥10	鲤科鱼类、鳗鲡、中华鳖、蛙类等
2	漂白粉	≥5	鲤科鱼类、中华鳖、蛙类、蟹、虾等
3	二氯异氰尿酸钠（有效氯55%）	≥7	鲤科鱼类、中华鳖、蛙类、蟹、虾等
4	三氯异氰尿酸（有效氯80%以上）	≥7	鲤科鱼类、中华鳖、蛙类、蟹、虾等
5	土霉素	≥30	鲤科鱼类、中华鳖、蛙类、蟹、虾等
6	磺胺间甲氧嘧啶及其钠盐	≥30	鲤科鱼类、中华鳖、蛙类、蟹、虾等
7	磺胺间甲氧嘧啶及磺胺增效剂的配合剂	≥30	鲤科鱼类、中华鳖、蛙类、蟹、虾等
8	磺胺间二甲氧嘧啶	≥42	虹鳟

合理施肥

● 养殖水体施用肥料是补充水体无机营养盐类、提高水体生产力的重要技术手段，但施用不当（指过量），又可造成养殖水体的水质恶化并污染环境，造成天然水体的富营养化。

● 施肥主要用于池塘养殖。肥料的施用方法和数量可参照《中国池塘养鱼技术规范 长江下游地区食用鱼饲养技术》(SC/T 1016—1995)的有关规定，必须按照优化配方施肥技术，以有机肥为主，所有肥料，尤其是富含氮的肥料，应不对环境和养殖对象（营养、风味、品质和抗性）产生不良后果。

话题 3 无公害水产品养殖管理

优良苗种的选用、生产和引进原则

1. 苗种选用

● 选用遗传质量高、无携带病菌的优质健康苗种是无公害水产养殖的基础，从国外引进或国内异地引进苗种，都须单独放养，经过严格的检验和检疫，质量符合该品种的相关标准。

● 水产养殖使用的苗种应当符合国家或地方质量标准。

2. 苗种生产和引进

● 水产苗种生产和引进要符合《渔业法》和农业部颁布的《水产苗种管理办法》的规定。

● 用于繁殖的亲本必须来源于安全、非疫区的原、良种场，质量符合相关标准，亲本可以是野生的或人工选育的非近亲交配性成熟的鱼类，人工繁殖时，应经常补充和交换不同种群间的亲本进行交配，并对亲本及其后代进行不断筛选、淘汰，有目的地选育优良品种，进行提纯复壮。

● 生产条件和设施应符合水产苗种生产技术操作规程的要求。苗种（尤其是需要引进的苗种）须经具备资质的专业技术人员检验、检疫，确保无任何疫病后方可引进或放养。

3. 苗种运输

● 苗种运输宜采用冷藏运输车或其他有降温装置的运输设备。

● 运输工具在运输前应彻底清洗，并用高锰酸钾溶液消毒，做到洁净、无毒、无异味，严防运输污染。

● 运输途中应有专人管理，随时检查苗种情况，装卸时应轻拿轻放，并避免温度急剧升降。

放养密度的控制原则

● 控制适宜的放养密度是无公害养殖的一个基本条件，超负荷养殖容易引起养殖环境恶化、疾病暴发蔓延、产品质量下降和商品率低等问题。

温室设施水产安全养殖技术

● 合理密养是提高产量的一个基本方法，合理的放养密度应当是在保证养殖的水产动物达到上市规格的条件下获得最高产量的放养密度。

● 合理的放养密度应根据苗种规格、池塘环境条件、水质、饵料的数量和质量、加水和增氧设施、饲养管理水平等条件加以确定。

● 密度增大、产量提高的物质基础是饵料，限制放养密度无限增加的因素是水质，尤其是溶解氧、氨、硫化氢等溶解物质。

水质和环境控制原则

1. 水环境控制和科学规划

● 县级以上地方各级人民政府渔业行政主管部门应当根据水产养殖规划要求，合理确定用于水产养殖的水域和滩涂。

● 根据水域滩涂环境状况划分养殖功能区，合理安排养殖生产布局，科学确定养殖规模、养殖方式。

● 控制热点品种适度发展，充分发挥海水的自净能力，避免出现海域污染、水质下降和养殖病害频发等问题。

2. 废水处理原则

● 养殖场或池塘的进排水系统应当分开，水产养殖废水经过处理以后达到国家规定的排放标准时才能排放。

● 不得将培育鱼苗或养殖海水鱼的（咸）盐水排入淡水水域。

● 育苗池或养殖池的废水应先进入废水处理池，经过药物消毒、沉淀及曝气等处理后再排入天然水域。

● 也可在废水处理池中养殖贝类、杂食性鱼类和大型藻类等生物来净化水质（池中所养的生物不能用于食用）。

● 病鱼池用水应先用每立方米水体30～50克的漂白粉消毒、沉淀及曝气数天后方可排出。

● 养殖池的淤泥等污物应集中堆放，统一处理，不得排放到河道及海滩上。

话题 4　无公害产品包装、暂养、运输

包装要求

● 所用包装材料应坚固、洁净、无毒、无异味。

● 包装用水水质应符合 NY 5051—2001《无公害食品 淡水养殖用水水质》、NY 5052—2001《无公害食品 海水养殖用水水质》的要求，见表3—5、表3—6。

表 3—5　　淡水养殖用水水质（NY 5051—2001）

序号	项目	标准值
1	色、臭、味	不得使养殖水体带有异色、异臭、异味
2	总大肠菌群（个/升）	≤ 5 000
3	汞（毫克/升）	≤ 0.000 5
4	镉（毫克/升）	≤ 0.005
5	铅（毫克/升）	≤ 0.05
6	铬（毫克/升）	≤ 0.1
7	铜（毫克/升）	≤ 0.01
8	锌（毫克/升）	≤ 0.1
9	砷（毫克/升）	≤ 0.05
10	氟化物（毫克/升）	≤ 1
11	石油类（毫克/升）	≤ 0.05
12	挥发性酚（毫克/升）	≤ 0.005
13	甲基对硫磷（毫克/升）	≤ 0.000 5
14	马拉硫磷（毫克/升）	≤ 0.005
15	乐果（毫克/升）	≤ 0.1
16	六六六（丙体）（毫克/升）	≤ 0.002
17	DDT（毫克/升）	≤ 0.001

表 3—6　　海水养殖用水水质（NY 5052—2001）

序号	项目	标准值
1	色、臭、味	海水养殖水体不得有异色、异臭、异味
2	大肠菌群（个/升）	≤ 5 000，供人生食的贝类养殖水质 ≤ 500
3	粪大肠菌群（个/升）	≤ 2 000，供人生食的贝类养殖水质 ≤ 140
4	汞（毫克/升）	≤ 0.000 2
5	镉（毫克/升）	≤ 0.005
6	铅（毫克/升）	≤ 0.05
7	六价铬（毫克/升）	≤ 0.01

续表

序号	项　目	标　准　值
8	总铬（毫克/升）	≤ 0.1
9	砷（毫克/升）	≤ 0.03
10	铜（毫克/升）	≤ 0.01
11	锌（毫克/升）	≤ 0.1
12	硒（毫克/升）	≤ 0.02
13	氰化物（毫克/升）	≤ 0.005
14	挥发性酚（毫克/升）	≤ 0.005
15	石油类（毫克/升）	≤ 0.05
16	六六六（毫克/升）	≤ 0.001
17	滴滴涕（毫克/升）	≤ 0.000 05
18	马拉硫磷（毫克/升）	≤ 0.000 5
19	甲基对硫磷（毫克/升）	≤ 0.000 5
20	乐果（毫克/升）	≤ 0.1
21	多氯联苯（毫克/升）	≤ 0.000 02

运输要求

● 活鱼运输中应保证鱼所需氧气充足。

● 鲜鱼用冷藏或保温车船运输，保持鱼体温度在 0～4 摄氏度之间；冰冻品的中心温度应低于 −18 摄氏度。

● 运输工具应清洁卫生，无异味，运输中防止日晒、虫害、有害物质的污染，不得靠近或接触有腐蚀性的物质。

 **储存和暂养要求**

● 应储存在氧气充足、洁净、无毒、无污染、无异味的水泥池、水族箱等水体中充氧暂养，暂养设备在暂养前用生石灰或用漂白粉等药物消毒，暂养用水应符合 NY 5051—2001《无公害食品 淡水养殖用水水质》、NY 5052—2001《无公害食品 海水养殖用水水质》的要求。

● 产品储藏于清洁、卫生、无异味、无污染、有防鼠防虫设备的库内，防止虫害和有害物质的污染及其他损害。

第四讲　罗非鱼温室设施养殖技术

目前，我国养殖的罗非鱼主要包括尼罗罗非鱼、奥利亚罗非鱼、红罗非鱼、奥尼罗非鱼、吉富尼罗罗非鱼等。

话题 1　罗非鱼的生物学特性

栖息和生活习性

● 罗非鱼在鱼苗阶段（1～1.5厘米），喜群集于池边活动与摄食。

● 随着鱼体的长大，游泳能力增强，鱼苗逐渐分散于池中。成鱼遇到敌害或拉网时，先是跳跃，而后则潜入水底的软泥或"窝"中，静止不动，不易捕捞。

● 罗非鱼性情暴躁，喜斗殴，有互相残食的习性。

● 罗非鱼成鱼喜欢栖息在水体的中下层，有明显的昼上夜下垂直分布变化，黎明时，随水温升高逐渐向中上层群游，在水温高、阳光强的下午，常上浮于水表面、边缘等处活动，其他时间或阴雨天，表层水温较低，大多数活动于水体的中下层。

对水温的适应能力

● 罗非鱼属热带、亚热带性鱼类，可生存在15～40摄氏度的水体中。

● 罗非鱼对低温的耐受力较差，当水温低于15摄氏度时，常躲于水底，不摄食，很少活动。12摄氏度是罗非鱼的低温临界值，水温低于12摄氏度时，罗非鱼就会逐渐死亡。因此，在罗非鱼养殖过程中，越冬保种非常关键。

● 罗非鱼最适生长温度为28～32摄氏度。在此温度范围内，鱼类摄食量大，生长迅速。当水温上升到34摄氏度以上时，罗非鱼生长开始受到限制，40～41摄氏度是罗非鱼的高温临界值，超过这个温度罗非鱼不能长期生存。当水温高于42摄氏度时，罗非鱼呼吸加快，长时间浮于水面。

● 罗非鱼繁殖的最低温度为20摄氏度，最高为38摄氏度，繁殖的最适温度是24～32摄氏度。罗非鱼在19摄氏度时，尚无明显繁殖活动，一旦进入20摄氏度，罗非鱼的繁殖活动就明显出现。

对盐度的适应能力

● 罗非鱼属广盐性鱼类,既能生活在淡水中,也能生活在半咸水甚至海水中。

● 罗非鱼对盐度的适应性因种类不同而有所差异。莫桑比克罗非鱼可直接在盐度 30 的海水中生活,而尼罗罗非鱼需要在半咸水中经过一段时间的过渡期后才能转入海水中生活。

对溶解氧的适应性

● 罗非鱼耐低氧能力很强,水中溶解氧达 1.6 毫克/升时,罗非鱼仍能生活和繁殖,但长期处于如此低的溶解氧环境中,其生长与摄食均会受到较大的抑制。溶解氧低于 1 毫克/升,罗非鱼进入生存危险期。罗非鱼的窒息点随个体而异,一般为 0.3～0.5 毫克/升。

● 饲养罗非鱼时,最低的生长溶解氧量控制在 3 毫克/升以上为好,使罗非鱼处在正常的生长条件下。

抗逆能力

● 罗非鱼除抗寒能力差外，对其他方面环境的抵抗能力都很强。

● 罗非鱼耐污性较强，对污染的环境或富营养化的水质适应能力较强。

● 罗非鱼对水质酸碱度（即 pH 值）的适应范围较广，在 pH 值为 4.5～10 的水体中均能生长。

食性

● 罗非鱼是以植物性饵料为主的杂食性鱼类，幼鱼阶段主要以浮游动物为主。

● 5 日龄的仔鱼开始摄食小型浮游动物，主要食物为轮虫、无节幼体、藻类等。

● 7 日龄的仔鱼游动能力增强，开始捕食大型浮游动物，如枝角类、桡足类等。

● 10 日龄的仔鱼孵黄囊消失，由内源性营养转化为外源性营养，完全依靠天然饵料为食。

● 20日龄进入幼鱼期，以轮虫、枝角类、桡足类等动物性饵料为主，食物中浮游性植物比例显著上升。

● 成鱼主要以植物性食物为主，池塘中养殖的罗非鱼，消化道内含物大部分是有机碎屑和水草类、商品饲料等植物性饲料，其次是浮游植物、浮游动物和少量底栖动物。

● 人工养殖时，罗非鱼喜食配合饲料。

繁殖习性

● 罗非鱼具有性成熟早、产卵周期短、口腔孵育幼鱼、繁殖条件要求低、能于小面积静水水体内自然繁殖等特点。

● 罗非鱼性成熟年龄随各地年平均水温差异而不同，在适温条件下，一般莫桑比克罗非鱼3~4月龄即可达性成熟，尼罗罗非鱼和奥利亚罗非鱼5~6月龄可达性成熟。

● 罗非鱼属多次性产卵类型，一年能产卵多次。南方地区，年平均水温较高，夏、秋两季，每25~30天可繁殖一次，每年可繁殖3~6次。

● 雌鱼平均每克体重怀卵量为7~10粒。体重为200克左右的罗非鱼，一般卵巢系数较大，怀卵量多在1 000~1 500粒。

● 罗非鱼的繁殖习性非常特别，在水温18~32摄氏度范围内，成熟的雄性亲鱼具有"挖窝"的习性，所挖的窝呈浅圆锅形，大小视鱼体而定。当窝挖成时,雄鱼游动于其附近,以待雌鱼,如有其他雄鱼进入"势力范围",就进行殴斗驱逐。如有雌鱼,则围绕雌鱼周围打转,并顶撞雌鱼腹部,引逼雌鱼入窝,成熟雌、雄亲鱼进窝配对,卵子产出后雌亲鱼立刻将卵子含于口腔内,与此同时雄亲鱼排出精子,雌鱼将精液随水流吸进口腔内使卵子受精。卵子受精后,口含鱼卵的雌亲鱼即离开卵窝,雄鱼仍继续守窝,并追逐其他雌鱼。

● 受精卵在雌鱼口腔内孵化,水温25~30摄氏度时4~5天后即可孵出仔鱼。孵出后的仔鱼仍留居于雌亲鱼的口腔、鳃腔内,当卵黄囊消失并具有一定游动能力时才离开母体,结群活动、觅食,此时雌鱼仍追随仔鱼左右。待仔鱼活动和摄食能力增强后,雌亲鱼才离去,仔鱼即行独立生活。

话题 2　罗非鱼的繁殖

亲鱼放养

1. 雌雄鉴别

● **雌雄亲鱼体色区别**　罗非鱼在繁殖季节,雌雄亲鱼体色具有明显的差别：雄鱼有美丽的婚姻色，尼罗罗非鱼全身棕红色，头、尾部尤为鲜艳；奥利亚罗非鱼全身呈深紫色，背鳍边缘和尾鳍末端呈鲜艳的桃红色；莫桑比克罗非鱼体表为蓝黑色，背鳍、尾鳍呈鲜红色。

● 雌雄亲鱼生殖器区别　罗非鱼生殖器外形，在仔鱼、幼鱼阶段，雌、雄不易区别。性成熟以后，雌雄鱼的生殖孔区分明显。雌鱼腹部有3个孔，即肛门、生殖孔和泌尿孔。泌尿孔开在生殖乳突的顶端，生殖孔开在泌尿孔和肛门之间。雄鱼腹部只有2个孔，即肛门和泌尿生殖孔，其泌尿孔和生殖孔合为一孔，即泌尿生殖孔。

● 雌雄亲鱼成熟度区别　成熟的雄鱼，体色鲜艳，挤压腹部有白色精液流出；成熟的雌鱼，其生殖乳突大而突出，离开腹沿，产卵孔开裂明显或孔围呈现红润。

2. 亲鱼放养规格和雌雄比例

● 放养亲鱼的规格：雄鱼每尾在500克以上，雌鱼每尾在300克以上。

● 雌、雄亲鱼的放养比例为3∶1，雄鱼不能多于雌鱼，以避免发生争雌、斗殴现象，并减少对雌鱼含卵育苗的干扰。

3. 亲鱼消毒

亲鱼放养时应进行药物消毒，可用2%～4%食盐浸浴5分钟，或20毫克/升高锰酸钾（20摄氏度）浸浴20～30分钟，或30毫克/升聚维酮碘（1%有效碘）浸浴5分钟。

4. 亲鱼放养时间

● 产前雌、雄亲鱼必须分开单独进行培育。

● 当池塘水温回升并稳定在20摄氏度以上时,即可选择无风、晴朗的日子将分塘饲养的雌、雄亲鱼移至繁殖池内合池饲养。

5. 放养密度

● 亲鱼放养密度根据亲鱼个体大小、池塘环境条件和苗种培育方法等灵活掌握,一般为2~3尾/平方米。

● 密度过大,容易造成水体缺氧,导致亲鱼吐卵、吐苗,也会因水中天然饵料不足而影响鱼苗生长,延迟鱼苗出池时间。密度过小,会导致产苗数较少,池水中的饵料不能充分利用。

亲鱼饲养管理

1. 投饲

● 投喂罗非鱼全价配合饲料,饲料的粗蛋白质在30%~35%,每天投喂3~4次。

● 投饵率为鱼体重的2%~5%,根据天气、水质和鱼的摄食情况灵活掌握每天的投饵量。

2. 水质管理

● 亲鱼放入繁育池后,应加强饲养管理,保证池塘水质清新,经常开增氧机,保证溶解氧充足。

- 适时加注新水,每7~10天换水1次,每次换水量20%~30%,注意换水前后的水温差不要超过2摄氏度,保持适宜的水温,刺激亲鱼发情产卵,在低温季节适当加深水位,使水深保持在2米以上,在高温季节,适当增加换水次数。
- 可视水质变化情况使用沸石粉、微生态制剂、底质改良剂等控制和调节水质,防止水质恶化和病害发生。

3. 培育管理

- 每天早、中、晚坚持巡池,观察池水水色和透明度变化情况,严防缺氧浮头。
- 及时清除池中的蛙卵、蝌蚪、杂草、病鱼等。
- 观察亲鱼摄食和活动情况,发现问题及时采取措施。
- 适时拉网,检查亲鱼性腺发育情况。

交配产卵和孵化

- 产卵的适宜水温为25~30摄氏度,亲鱼下塘10~15天即发情追逐,挖窝交配,发情至高潮时,雌鱼在卵窝中央产卵,产卵间隔15~30分钟,分4~6次产出。
- 受精卵孵化和鱼苗的哺育是在雌鱼口腔内进行的,受精卵在口腔内随着亲鱼的呼吸作用,由内向外、由下向上翻动,保证受精卵有充足的溶解氧。水温25~29摄氏度时,从受精卵到孵化出膜需要

80~110小时。

● 孵化期间雌鱼不摄食。

● 刚出膜的鱼苗,以卵黄囊为营养,活动能力弱,需在雌鱼口腔中生活。

● 产卵7~10天后,可见池边有鱼苗集群游动,鱼苗遇惊吓即被雌亲鱼吸入口中,待亲鱼确认环境安全时,再将鱼苗从口腔中吐出,这就是罗非鱼的护幼行为,护幼行为持续到鱼苗体长1.5厘米左右为止。

鱼苗捕捞

1. 鱼苗捕捞的时机

● 受精卵孵化后经半个月左右,当发现池塘周边有集群的鱼苗后,鱼苗行自营生活、尚未散群时,亲鱼开始停止护幼行为,即可用亲鱼网将亲鱼捞出,留下鱼苗在原塘中培育成鱼种。

● 亦可将鱼苗集中捞出另池培育,留亲鱼在原繁育池继续繁苗。如要销售,捞取的鱼苗可暂养在网箱中,达到一定数量后计数出售,暂养时间一般不超过3天,否则鱼苗体质会变弱。

2. 鱼苗捕捞的方法

● 见到池边有集群的鱼苗后,可用20目的三角抄网每天捞取,也可用20目的密眼网每周全池捕捞一次。

● 白天捕捞鱼苗应选在7:00—12:00或15:00—18:00

设施农业实用技术知识普及丛书
SHESHI NONGYE SHIYONG JISHU ZHISHI PUJI CONGSHU

温室设施水产安全养殖技术

进行,夜晚捕捞鱼苗可使用灯光诱捕。

● 将未散群的鱼苗整群捞出,随见随捞,直至捞净,捕捞一批,培育一批,使相同规格的鱼苗同步同期培育,避免因个体差异而互相残食。

● 捕捞后将鱼苗移至鱼种池中进行培育。

话题 3 罗非鱼的鱼种培育

培育池条件

● 水源充足,水质良好,进、排水方便。

● 池形以长方形、东西走向为宜,面积 0.5~1 亩(333~666.7 平方米),水深 1~1.5 米。

● 池底平坦,淤泥少,池埂坚实,不渗漏。

施肥、注水

● 鱼苗、鱼种投放前 5~7 天,每亩(666.7 平方米)施肥粪 200~300 千克。

● 粪肥须经发酵腐熟后再施，并用 1%～2% 的生石灰消毒。鱼苗、鱼种池开始注水 50～60 厘米深，施肥 2～3 天后，将池水加深至 0.8 米。

鱼苗、鱼种放养

● 当水温回升并稳定在 18 摄氏度以上时，即为鱼苗、鱼种适宜的投放时间。

● 一般选择晴天白天放养苗种，注意使苗种在上风处入池。入池时，池水和塑料袋内水温不超过 3 摄氏度，否则应事先进行调温。

● 土池培育鱼苗，规格为全长 0.7～1.5 厘米，放养密度为 200～350 尾/平方米；规格为全长 1～1.5 厘米，放养密度为 100～200 尾/平方米。

● 水泥池培育鱼苗，放养密度为 3 000～4 000 尾/平方米，采用充气增氧。

饲料投喂

● 鱼苗入池后，每 5 天划分为一个培育阶段。

● 第一阶段喂豆浆,每万尾鱼苗每天喂0.1~0.2千克黄豆磨的豆浆。

● 第二阶段起,可改喂粉状饲料、破碎鱼种料等,每天投喂4~6次,每万尾鱼苗每天喂0.25~0.3千克饲料,日投饵率6%~12%,适量泼洒豆浆。

● 以后的每个阶段增加投喂量,增加量为上一阶段的20%~25%。

● 当鱼苗长到2~3厘米时,每万尾鱼苗每天可投喂1.5~2千克饲料。投喂量的多少,要以大部分鱼苗吃饱略剩为准。

水质管理

● 培育期间,注意要及时加注新水,逐步提高水位,保证水质清新。

● 每5~7天注水一次,每次注水量以提高水位10~15厘米为宜,使池水水深在最后培育阶段达1~1.5米。

● 注水最好在晴天进行。注水时间尽量缩短,以避免鱼苗长时间顶水。

 苗种运输

1. 运输前的准备工作

苗种在运输前 10 小时停止投喂，8 小时前进行拉网或吊水锻炼。

2. 水车增氧运输

● 主要用于近距离和大规格（9 朝以上）苗种运输。

● 运输时配备增氧设备或者使用纯氧增氧。

● 运输用水水温避免高于 30 摄氏度，高温天气选择夜间运输。运输途中如发现苗种浮头，应及时充氧或添换水。

● 每立方米水体装运苗种 80～100 千克。

3. 塑料袋充氧运输

● 塑料袋充氧运输就是将苗种放在塑料袋中，然后加水、充纯氧密封后运输。

● 塑料袋规格一般为 80 厘米 ×55 厘米，常采用双层塑料袋，加水 3～5 千克，水温控制在 20～30 摄氏度，可运输 10～15 小时。

● 苗种装袋密度按不同的规格有不同的要求，不同规格苗种装袋密度见表 4—1。

表 4—1　　　　　不同规格苗种装袋密度

苗种规格	5 朝	6 朝	7 朝	8 朝	9 朝
数量（尾）	10 000～15 000	2 000～2 500	1 500～2 000	1 000～1 500	500～800

话题 4　罗非鱼的成鱼养殖

鱼种的选购与投放

● 鱼种的选购　应从有国家发放的罗非鱼生产许可证的原（良）种场选购鱼种。选购的鱼种要体质健壮，无病无伤，规格整齐。

● 鱼种的投放时间　以水温维持在18摄氏度以上时投放鱼种比较适宜。

● 鱼种的投放规格和密度　放养密度根据鱼种规格来定，一般每亩放养全长3厘米以上的鱼种20 000～30 000尾，或每尾体重30克以上的2 000～5 000尾。

饲料投喂

● 以投喂配合饲料为主，日投饲量为鱼体体重的2%～6%，每天投喂4～5次，可使用能过80目筛的粉状料，饲料要投放在固定的食场内，投喂采用机械抛撒或人工持续抛撒的方式。

● 每天投饵量要根据鱼的吃食情况、水温、天气和水质而灵活掌握。

● 一般每次投饲后在1～2小时内吃完，可适当多喂；如不按时吃完，应少喂或停喂。

● 晴天时，水温高可适当多喂；阴雨天或水温低时，少喂；天气闷热或雷阵雨前后，应停止投喂。

● 一般肥水可正常投喂，水质淡要多喂，水肥色浓要少喂。

水质管理

● 加强水质管理和控制，经常加水或换水，一般每15～20天（高温季节10～15天）注水一次，每次注水量在10～20厘米，使池水保持在2米以上，保持水质清新。

● 每0.5～1.0公顷配备2～3千瓦增氧机一台，每天午后和清晨各开机一次，每次2～3小时，遇高温季节、阴天低气压、闷热天气，每次开机增加1～2小时，经常启动增氧机械使池水中的溶氧量保持在4毫克/升以上。

● 定期使用微生物制剂调节水质。

● 每半月泼洒生石灰或漂白粉一次，进行池水消毒。

日常管理

● 每天早、中、晚要巡塘,观察鱼的活动情况和水质、水位、水色情况,以便调整相应的管理措施。

● 及时检查进出水口设备和池埂,防止逃鱼。

● 随时除草、除害,保持池塘环境卫生。发现死鱼及时捞起并掩埋在远离鱼池的固定地点。

● 建立鱼池日记制度,每天记录天气、水温、透明度、pH 值、水色、投饵量、鱼活动和健康等情况,以便科学管理。

鱼病的预防

鱼病防治以预防为主,一般采取如下措施:

● 苗种入池前严格对池塘和鱼体进行消毒。

● 苗种下塘半月后,每立方米水体使用 1～2 克漂白粉(有效氯 28% 以上)泼洒 1 次。

● 高温季节,饲料中按每千克鱼体重每天拌入 5 克大蒜或 0.47 克大蒜素,连续投喂 6 天,同时加入适量食盐。

● 发现死鱼及时捞出,埋入土中,防止病菌传染。

- 病鱼池中使用过的渔具要浸洗消毒后才能再次使用。
- 发病鱼池的池水要彻底消毒，未经消毒不得随意排放。

 **起捕**

- 当鱼体重达到 0.35 千克/尾的出池规格要求时，确定起捕时间。
- 当水温下降至 16 摄氏度时，所有罗非鱼均需捕完或移进塑料大棚，采取防寒措施。

罗非鱼养殖大棚如图 4—1 所示。

图 4—1　罗非鱼养殖大棚

话题 5　罗非鱼的营养需求和饲料

罗非鱼的营养需求

● 不同品种的罗非鱼，在不同的生长阶段，对营养素的需求有一定的差别。罗非鱼配合饲料的主要营养成分指标见表4—2。

表4—2　罗非鱼配合饲料的主要营养成分指标

项目	指标（%）		
	鱼苗	鱼种	成鱼
粗蛋白质	≥40	≥30	≥28
粗脂肪	6~9	5~8	5~8
粗纤维	≤3	≤8	≤10
粗灰分	≤16	≤14	≤12
蛋氨酸+胱氨酸	1.5	0.9	0.8
赖氨酸	≥2.5	≥1.6	≥1.4
总磷	1	1	0.9

● 罗非鱼成鱼饲料中，粗蛋白质含量应控制在28%以上；特别是集约化养殖时，粗蛋白质含量应控制在28%~30%为宜。

● 配合饲料中动植物蛋白的比例应以1：(2.8～3.4)为好，如果饲料中粗蛋白质以30%计算，则配合饲料中鱼粉占18%以上较好。

 **罗非鱼的饲料**

1. 水陆生植物饵料

● 水陆生植物中芜萍、小浮萍、紫背浮萍等是罗非鱼苗种和成鱼阶段所喜食的饵料。

● 将水浮莲、凤眼莲、水花生等水生植物切碎或打浆后投喂或掺入配合饲料中使用，也都是罗非鱼较好的饲料。

● 罗非鱼的苗种和成鱼，对池水中的微囊藻、绿藻等单胞藻类都能很好地摄食和消化。

2. 糟渣类和谷物类饲料

● 糟渣类可直接作为罗非鱼的饲料。

● 谷物类饲料最好以麦芽、谷芽的形式投喂为好，麦芽、谷芽是指麦、谷刚见水萌发新芽而未出苗的，是较好的生物活性物质（如维生素）的补充物。

● 养殖生产中常用糠麸类，南方多用米糠、糠粕，北方多用小麦麸皮、次粉。米糠含油脂较多，在闷热潮湿的南方易发霉变质，应注意妥善保存。

3. 配合饲料

● 在高密度、大规模的罗非鱼养殖生产中，罗非鱼快速生长所需营养主要通过投喂配合饲料来满足。

● 配合饲料是根据各地的饲料来源情况，依据罗非鱼的不同生长阶段、不同生理要求、不同生产用途的营养需要，以及以饲料营养价值评定的实验和研究为基础，按科学配方把多种不同来源的饲料原料，按一定比例均匀混合，并按规定的工艺流程生产的饲料。

● 全价配合饲料能充分满足罗非鱼的营养需求，最大限度地促进罗非鱼的生长。

罗非鱼的投喂管理

● 罗非鱼的投喂坚持"四定"原则，即定时、定点、定质、定量，这种投喂方式能使罗非鱼形成良好的摄食节律，有利于罗非鱼快速健康地生长。

● 罗非鱼鱼苗入池后即可开始投喂，开始阶段以豆浆和粉料为主，沿池塘四周泼洒，逐渐将鱼苗引诱到固定位置，改为定点投喂。

● 依据鱼体的生长速度、个体大小适时改变饲料颗粒大小，切勿换料过早，否则可能会导致罗非鱼生长不均。

设施农业实用技术知识普及丛书
SHESHI NONGYE SHIYONG JISHU ZHISHI PUJI CONGSHU

温室设施水产安全养殖技术
WENSHI SHESHI SHUICHAN ANQUAN YANGZHI JISHU

话题 6　罗非鱼越冬技术

　　罗非鱼是暖水性鱼类，它的抗寒能力比较差，一般水温降到12摄氏度时，罗非鱼就会出现冻伤或冻死现象。在我国，除海南、台湾和云南、广东省的部分地区能自然越冬外，大多数地区罗非鱼都不能在自然环境中越冬，都要采取相应的越冬保种措施，确保亲鱼、苗种的顺利越冬。罗非鱼的越冬方式根据各地气候和越冬条件而异，主要的越冬方式有塑料大棚越冬、日光温室越冬、温泉水越冬和深水井、工厂余热、锅炉加温以及电热器加温等。

越冬前的准备

1. 越冬温室、大棚的准备

　　● **温室越冬**　罗非鱼移入越冬温室前7天，用两层塑料薄膜搭好温室，温室四周将塑料薄膜用土埋好、踩实。彻底清理池底、池壁的污物，并进行彻底消毒。配备1.5千瓦增氧机一台，检查进、排水等配套设施。罗非鱼移进温室前2天，将鱼池加满水，水温维持在20摄氏度以上。

　　● **塑料大棚越冬**　其准备工作主要是做棚拱架，在池塘中间用木桩搭成一排支撑架，然后在上面搭架小钢丝，池边用木桩固定，盖上薄膜后在上面加压钢丝绳，用小铁丝固定好上下钢丝绳。覆盖薄膜时要拉平，防止下雨时雨水积聚在大棚上面。在越冬期间，要经常检查薄膜是否有漏洞，发现问题及时采取相应措施。

2. 越冬池的消毒

● 在越冬鱼入池前，应将越冬池进行清理和消毒。消毒一般可用生石灰、漂白粉等药物，以杀灭池内的病原体。

● 用生石灰消毒，当池水水深7～10厘米时，每平方米用80～110克生石灰化水后全池泼洒。

● 池塘消毒7天后，用苗种试水安全后可放鱼入池。

● 用漂白粉消毒，每立方米水体用30克漂白粉化水后全池泼洒，一般在7天后可放鱼入池。

3. 越冬设备的准备

● 在罗非鱼越冬之前，应将越冬设施、设备尽早建成或修整好。

● 对越冬池及相关的进排水管道，加温、增氧、排污等设备，常用的渔具、越冬所需的材料、防病治病药物等，逐一认真地检查其落实情况，以免越冬时急促上阵，影响越冬效果。

4. 越冬鱼的选留

（1）选留越冬鱼的原则

● 一般选留亲鱼和鱼种作为越冬鱼。

● 选留亲鱼越冬是为翌年繁殖鱼苗作准备。

● 选留鱼种越冬是为翌年培育大规格商品鱼创造条件。

- 选留亲鱼或鱼种时，操作须轻快细致，以免碰伤鱼体。鱼种在分级过筛时不宜长时间囤集于网池中，一般在网池中吊水2小时后即可进行分筛、计数入塘，最好不超过5小时。不宜进行高密度长途运输，避免运输过程中鱼体受伤，降低越冬成活率。

（2）越冬亲鱼的选留

- 亲鱼应选留生长快、个体大的当年鱼或已具繁殖能力的2龄鱼。
- 亲鱼选留规格以150克以上的当年鱼或500克以上的2龄鱼为宜，雄亲鱼个体稍大些。
- 选留亲鱼的雌雄比例以3：1或4：1为宜，雌雄亲鱼分塘越冬，便于来年杂交繁殖时配组操作。
- 亲鱼选留数量根据繁殖鱼苗计划量再加上15%～20%的保险系数，以确保来年苗种生产的顺利进行。

（3）越冬鱼种的选留

- 越冬鱼种以选留当年8月中旬之前繁殖的鱼种为宜，一般以体长4～6厘米为宜。
- 苗种越冬要求进池时规格相同，规格过大会使越冬池利用率降低，过小的鱼种在越冬过程中适应能力差、成活率低，也会出现同一池越冬苗规格大小不一的现象。所以入池时要对越冬鱼进行筛选，去除规格过大或过小的鱼种。
- 选留鱼种时要注意选择体质健壮、无伤无病、体表光滑、无冻伤的个体。

5. 越冬前的培育

越冬前一个月将要越冬的鱼集中专池囤养,进行加强培育,投喂营养丰富、全价的配合饲料,促使其膘肥体壮,在越冬前体内多积累营养物质,增强越冬抗寒能力,使之逐步适应越冬期间的生活环境,将部分体弱或受伤的鱼提前淘汰。

6. 越冬鱼体消毒

● 越冬时亲鱼、鱼种在运输和操作过程中会有不同程度的损伤,在入池前应对鱼体进行药物消毒。如果越冬鱼不经消毒,就有可能将病原体带入池内,一旦条件成熟,病原体便能大量繁殖而引起鱼体发病。

● 鱼体消毒一般采用浸洗法杀灭鱼体表病原体,常用消毒方法:漂白粉硫酸铜合剂(每立方米水体用漂白粉10克加硫酸铜8克),在水温20摄氏度时浸洗鱼体15～30分钟;或用3%～4%食盐溶液浸泡鱼体5～10分钟;或高锰酸钾20毫克/升(20摄氏度)浸浴20～30分钟;或1%聚维酮碘浸浴5分钟。

越冬鱼入池时间及注意事项

1. 越冬鱼入池时间

● 罗非鱼对低温有相当的敏感性,当水温降至致死温度范围时,罗非鱼则由正常的活动状态转为呆滞、少动、不摄食并逐步失去平衡,沉于池底,全身痉挛、僵硬,直至死亡。因此,必须正确掌握越冬鱼的入池时间,以期罗非鱼能适时进入越冬阶段。

● 罗非鱼一般在水温18～20摄氏度时入池较为适宜。就气象情况来看,应赶在当年首次寒流来临之前完成罗非鱼入池工作。

● 罗非鱼入池时间过早,水温尚高,鱼的活动能力强,在越冬池内因密度过高会造成缺氧浮头,同时也延长了越冬时间而导致人力、物力的浪费。

● 罗非鱼入池时间过迟,池塘水温偏低,捕鱼时鱼体极易受伤,入越冬池后容易引起水霉病。

2. 越冬鱼入池注意事项

● 越冬鱼入池前,要将越冬设备修整完好,对越冬池及配套管、渠道进行消毒。

● 捕鱼入池时宜选择在晴天上午9:30后才开网捕鱼,至16:30前结束。

● 尽量做到按不同规格入池,亲鱼、鱼种分池越冬。

● 入池后一周内,要密切注意鱼的活动情况,特别是水温较低时操作,注意是否造成伤口感染,及时拣除死鱼。在入池一周后,越冬鱼的情况才基本稳定,进入越冬期间管理。

越冬鱼种放养密度

● 进行越冬的鱼种根据规格大小,每立方米水体投放鱼种20～

30千克，鱼种规格大的，可适量少放；鱼种规格小的，可适量多放。

● 越冬罗非鱼鱼种规格最好在每尾30克以上。

越冬期间饲养管理

罗非鱼越冬期较长，一般从10月到来年4月，约有半年时间。为确保罗非鱼能顺利安全越冬，必须加强越冬期间的管理工作。整个越冬期间要有专人负责，做好各项记录及控制水温、调节水质、投料、防病等工作。

1. 水温的控制

● 越冬鱼入池10天内，应把水温控制在20~25摄氏度之间，这样有利于鱼体恢复体质，促进伤口愈合，抑制水霉病发生。

● 越冬情况基本稳定后，可以将水温控制在18~20摄氏度之间。

● 水温不可忽高忽低，不能突然降温，也不能长期控制在20摄氏度以上，长期高温不利于越冬管理，而且还会增加饲料的投入，因为水温高，鱼的活力较强，消耗体力较多，摄食量也会增加。

2. 水质的调节

● 越冬池水体较小，越冬鱼的密度则相对较高，若水质过浓，鱼容易浮头，将影响罗非鱼正常越冬。因此，应尽量保持水质清新，适时注入新水，及时更换水体。

● 在越冬鱼最初入池的前10天左右，因排泄物较多，每天换水

一次，以后一般每隔 5~8 天换水一次。

● 换水量视水质情况而定，为了防止越冬池水温变化太大，每次换水量不宜过多。

● 换水前先排出残渣和粪便，再加注新水。换水时温差不得超过 3 摄氏度。

● 应经常排除池底粪便和残饵，一般采用虹吸法用橡皮管吸出。

● 及时捞净死鱼，捕起重病鱼，以免尸体腐败变质，造成水质恶化。

● 为增加水体溶解氧，可采用增氧设备或充气设备增氧。每隔 4~6 小时开启增氧机 0.2 小时，使池水保持溶解氧在 3 毫克/升以上。

● 越冬期间，定期使用微生物制剂以调节水质。

3. 合理投饵

● 由于水温低，鱼摄食量小，配合饲料要做到少而精。

● 罗非鱼在越冬期间要适当投喂营养丰富的精饲料。

● 在坚持定质、定量、定时、定位的"四定"投饵原则下，应适当投喂一些营养丰富的饲料，以增加鱼体抗病能力。

● 一般采取两头多、中间少的投喂方式，即入池后一段时期内适当多投料，亲鱼控制在 2% 左右，鱼种控制在 5%~6%，每天投喂 1~2 次，投料以全部鱼能吃到为佳，温度低时，投饵率控制在 0.5%~1%。

● 对于鱼苗池，每周安排 1~2 次过量投料，目的在于对一些弱小苗种，由于平时投料量少时弱小苗种无法争到饲料，而每周有1~2次能吃到，便能维持体能消耗，不至于瘦弱而死。

● 鱼种饲料可为粉状或小粒径配合饲料，投料时要全池均匀投料，使大部分鱼苗都能吃到，亲鱼饲料可做成浮性颗粒料，沉性料要设置适当，投饵量以在1.5小时内吃完为宜。

● 饲料的投喂视天气和鱼的摄食情况定，水温低于18摄氏度时，少投或不投。

4. 鱼病的防治

● 在越冬期间，掌握以防为主、防治结合的原则，重视越冬鱼入池前的消毒。

● 在越冬期内，要经常观察鱼的活动状况，发现越冬鱼游动迟缓、摄食减少时，须及时检查、诊断疾病，及早用药治疗。

● 经常用漂白粉、生石灰等药物对池水进行消毒。

第五讲　中华鳖温室、大棚养殖技术

鳖在动物分类学上属脊椎动物的爬行纲、龟鳖目、鳖科。我国除新疆、青海和西藏外，其他各地都有分布，尤以长江流域和华南为多。中华鳖生长快，适应性强，肉味鲜美，是我国主要的养殖鳖类。

话题 1　中华鳖的生物学特性

鳖的栖息环境

● 鳖是生活在水中的爬行动物，也可以短时间在陆上生活。

● 在自然界中，鳖喜欢栖息在水质清新、底质为泥沙的湖泊、江河、池塘、水库和山涧溪流、沼泽地等水域的僻静处，并喜欢在泥滩上、岸边树荫下、岩石边水草茂盛的浅水处活动、觅食。

● 鳖的活动规律和栖息环境随季节、气温的变化而变化。夏季天气炎热时多栖息活动在阴凉处，深秋、冬季潜入水底泥沙或洞穴内。故渔谚对鳖有"春天水发走上滩，夏日炎炎歇树间，秋天凉爽入水底，冬季寒冷钻深潭"的说法。

 **鳖对温度的适应性**

● 鳖是变温动物，本身没有调节体温的功能，其体温与环境温度的差异为 0.5～1 摄氏度。

● 鳖的生存活动完全受环境温度的制约，因而对环境温度的变化极为敏感。适宜生长温度是 20～33 摄氏度，最适温度是 28～32 摄氏度，低于 20 摄氏度摄食减少，15 摄氏度以下停止摄食，10～12 摄氏度时钻入泥沙中冬眠。

● 翌年，当水温回升到 15 摄氏度以上鳖开始苏醒，回升到 20 摄氏度时开始摄食。

● 长江中下游地区，鳖一般从 11 月中下旬开始冬眠，至翌年 4 月上旬水温回升到 15 摄氏度以上时开始复苏，冬眠期为 5 个月左右。

● 鳖越冬后体重降低 10%～15%。体质虚弱、营养不良的个体，特别是越冬前刚孵出不久的稚鳖，体内积贮的营养物质少，越冬成活率较低。

● 鳖的冬眠习性是其对恶劣环境的一种适应，是为求生存而形成的一种保护性行为。通过温室、大棚养殖可以改变这种习性，缩短养鳖周期，使快速养鳖成为可能。

鳖的生活习性

● 鳖喜静怕闹，易受惊吓，对声响和移动物体极为敏感，一遇风吹草动就会迅速潜入水中。同类之间常常会因争抢食物、配偶及栖息场所，而伸长头颈相互攻击、厮咬。

● 鳖在水中呼吸频率随温度的升降而增减，一般每3~5分钟呼吸1次，如遇环境突变或特殊情况，呼吸频率会大大下降。鳖在水中潜伏时间可达6~16小时。长时间潜伏时，鳖主要利用咽喉部的鳃状组织与水体进行气体交换。

● 鳖有晒背的习性。天气晴朗、阳光强烈时，鳖便会爬到安静的沙滩地、岩石上晒太阳。鳖在晒背时头、颈、四肢充分伸展，尾部对着阳光，每次持续时间45分钟左右。

● 鳖有用四肢掘洞或攀登围墙的习性，人工养殖时需做好防逃工作。

综上所述，鳖的这些生活习性可归纳为"三喜、三怕"，即喜静怕闹、喜阳怕风、喜洁怕脏。

鳖的食性

● 鳖是以动物性饲料为主的杂食动物，食谱范围广。

- 在野生条件下,刚孵出的稚鳖和幼鳖主要摄食枝角类、桡足类等大型浮游动物和虾苗、鱼苗、水生昆虫、水蚯蚓等底栖动物,也摄食少量植物碎屑。

- 成鳖主要摄食鱼、虾、蛙、螺、蚌等,也摄食一些植物性饲料,如瓜、菜、水草等。在人工养殖条件下,贝类、鱼糜、动物内脏以及饼粕类、麦类、大豆等都可作为鳖的饲料,也可搭配南瓜、菜叶等。人工养殖情况下,喜食全价配合饲料。

- 鳖的摄食方式为吞食,利用其锐利的爪及伸缩敏捷、转动自如的头颈猎取食物,并将猎获的食物纳入口中,经上下颌特化的角质喙压碎,再由下颌前缘与口角附近的唾腺分泌唾液使食物润滑,以便吞咽。

- 鳖在摄食过程中不主动追击猎物,只静候食物来到或潜伏在水底蹑步潜行,待食物接近时,立即伸颈张嘴吞食。

 **鳖的生长**

- 生长速度在不同年龄阶段有显著差异。在长江流域,自然条件下当年鳖体重可达5~15克,2龄鳖重50~100克,3龄鳖重100~250克,4龄鳖重400~500克,5龄鳖重600~800克;5龄以后生长速度显著减慢。因为5龄以后性腺成熟,大量的营养物质转为生殖细胞发育,导致生长速度变慢。

● 不同性别的鳖生长速度有显著差异。体重在100～300克间，雌鳖生长快于雄鳖；300～400克间，两者生长速度相似；400～500克间，雄鳖比雌鳖生长快；500～700克间，雄鳖生长更快，几乎比雌鳖快1倍；在700～1400克间，雄鳖生长速度减慢，雌鳖生长速度则更慢。

● 同源稚鳖在相同饲养条件下生长速度也有差异。这与卵粒的大小、稚鳖个体轻重以及争食能力的强弱等因素密切相关。体重大小有时可相差1～4倍。因此，人工繁殖时必须选择个体大的亲鳖，产出大的卵粒，为繁育健壮的稚鳖打下基础。人工饲养过程中，必须按鳖的个体大小及时分级、分池饲养，保持同池中鳖的规格一致。

话题 2 亲鳖的培育

亲鳖是指已经达到性成熟用来繁殖后代的雌、雄鳖。为亲鳖提供良好的生活环境和优质饲料，并加以科学饲养管理，培育优良亲鳖，是提高产卵量和卵子质量的关键。

雌、雄鳖的鉴别

● 雌、雄鳖的最显著鉴别标志为：雄鳖尾较长，明显超出鳖后端的裙边或与裙边持平。

● 雌、雄鳖的外形区别，还可从背甲形状、身体形态等特征加以辨认，见表5—1。

表5—1　　　　　　雌、雄鳖外形区别

部位	雌　鳖	雄　鳖
尾部	尾短，不能自然伸出裙边外	尾长，能自然伸出裙边外
背甲	背甲圆形或椭圆形	背甲呈长椭圆形，背隆起
脊椎	背椎稍向内凹	背椎稍向外凸
体高	个体肥厚	个体较薄
后肢间距离	后肢间距较宽	后肢间距较窄

亲鳖的来源

● 优质亲鳖是人工繁殖成败的关键。亲鳖来源有野生鳖和养殖鳖两种，一般以养殖鳖为主。

● 养殖的鳖经过长期驯化，已适应人工养殖的生态环境，年龄也容易识别，还可避免捕捞、运输过程中的损伤。

● 采用养殖鳖作亲鳖需注意以下两点：一是达到正常成熟年龄的个体要大；二是亲鳖饲料必须以天然饲料和配合饲料相结合为好。

亲鳖的年龄与体重

● 作为养殖用的亲鳖，其年龄要求与性成熟年龄是不同的两个概念。

● 性成熟年龄是指性腺发育的生理过程，即达到可以进行繁殖的年龄。

● 为养殖提供种苗的亲鳖，不仅要求可以繁殖，而且要求产卵量多、卵粒大、卵的质量好，这种高质量的鳖卵就为繁衍高质量的后代打下了基础。

● 亲鳖的产卵量、卵子质量及受精率在一定范围内与亲鳖的年龄和个体大小成正相关（见表5—2）。

表5—2　　亲鳖个体大小对卵子质量的影响

组别	雌鳖体重（克）	产卵数（个）	卵平均直径（厘米）	卵平均重量（克）	无精卵（个）	弱精卵（个）	受精率（%）
1	2 000 ~ 2 250	206	2.24	6.38	23	3	87.38
2	1 250 ~ 1 500	162	2.18	5.72	28	24	67.90
3	600 ~ 750	117	1.88	3.79	25	14	66.67

● 亲鳖要求体重在2千克以上，野生亲鳖的年龄要求在6龄以上，人工加温饲养的亲鳖要求在2~3龄以上，以鳖达到性成熟年龄后再饲养2年作亲鳖为好。

亲鳖的选择

● 购进亲鳖的时间，要根据鳖的生态习性和当地温度条件而定。

温室设施水产安全养殖技术

长江流域通常以4月和11月为最好,此时池塘水温在15~25摄氏度之间,正好是亲鳖产卵之前和产卵之后。4月购回的亲鳖只要稍微适应一下环境和短期驯化培育,即可正常产卵。

● 在高温季节和严寒季节,不适合采购和运输亲鳖。

● 亲鳖进池时要进行严格的检查和选择,要求无病无伤、体质健壮、背部发亮光滑、背面体色呈墨绿色、行动敏捷、活泼健壮。

亲鳖培育池条件

● 亲鳖培育池要求环境安静,面积100~600平方米,池深1.5~2米,水深1.2~1.5米,池底铺10厘米的细沙或15~20厘米的软泥,池坡30度角,设置防逃墙、产卵场。

● 防逃墙可用水泥板、玻璃、石棉瓦等材料做成,高度不低于50厘米,防逃墙的顶部要向内伸出10厘米的檐口,同时,注意墙的四角和进、出水口应防逃。

亲鳖的放养密度

● 采用合理的放养密度,可避免亲鳖争食、争配偶而发生咬斗,还可以保持良好水质，有利于鳖的交配、产卵和亲鳖的生长育肥，也为减少和防止鳖病创造了有利条件。

● 亲鳖的放养密度根据个体大小而定，通常个体为1～2千克的，以每2～3平方米放养1只为宜。雌雄比例为（3～4）:1。

亲鳖的饲料投喂

亲鳖的营养状况与卵细胞的生长发育密切相关。在相同饲养条件下，个体大小相近的亲鳖，如饲料质量不同，产卵量相差很大。采用以动物性饲料为主饲养的亲鳖，其年平均产卵量比以植物性饲料为主饲养的亲鳖高出许多。因此，在雌鳖产前、产中和产后强化培育，投喂优质的适口饲料，是提高产卵量和卵子质量的重要技术措施。

1. 亲鳖饲料

亲鳖饲料有鲜活饲料和配合饲料。

● 鲜活饲料　鲜活饲料有蚯蚓、杂鱼、螺蛳、动物内脏等，每亩投喂活螺蛳300千克效果较好。使用鲜活饲料时，必须经过消毒、清洗处理，现配现用，以免腐败变质。

● 配合饲料　市场出售的亲鳖专用饲料，其粗蛋白质含量在45%以上，为补充维生素C和维生素E等成分，在调配饲料时，往往用打浆机把蔬菜等打成汁液代水用,拌入配合饲料中。

2. 投饲方式

饲料投喂要坚持"四定"原则。

● 定质　饲料的质量主要包括三个方面:一是新鲜,未腐败变质,配合饲料须现做现喂;二是营养成分符合亲鳖发育和生长需要;三是饲料的适口性要好。

● 定量　饲料投喂数量要根据当时的天气、水温、水质以及鳖的吃食情况作相应调整。通常配合饲料每次投喂量(干重)为鳖体重的0.5%~3%,以投饵后1~1.5小时内吃完为宜。鲜活饲料日投喂量占鳖重的5%~10%,摄食旺盛时可占鳖重的15%~20%。

● 定时　水温在18~25摄氏度时,每天16:00投喂1次;水温在25摄氏度以上时,每天投喂2次,8:00—9:00、16:00—17:00各投喂一次。具体时间还应根据天气和气温情况适当提前或推迟,以避免饲料经日光暴晒而变质。高温季节的投喂应在日出前投完和日落时开始投喂为宜,这时干扰少,饲料又不易变质,而且摄食又快又好。

● 定位　饲料台固定在亲鳖池北侧,紧贴水面安置或2/3露出水面。饲料投放在饲料台上,方便鳖在水中摄食,避免饲料散失、污染水质,也便于检查食场和进行食场消毒。

温室设施水产安全养殖技术
WENSHI SHESHI SHUICHAN ANQUAN YANGZHI JISHU

亲鳖的日常管理

亲鳖池的日常管理应做到"四防",即"防逃、防病、防敌害、防盗",具体应按"四查""四勤"进行管理。

● 查食场,勤做清洁卫生工作　每日早晨巡塘时,检查食场,并将鳖未食尽的残饵及时清除,洗净食台。

● 查防逃设施,勤修补　每日检查防逃设施,发现漏洞及时进行修补。

● 查水质,勤排灌　为保持亲鳖池水质清新,经常排出下层老水,加注新水。在亲鳖交配期间经常加水,以改善水质,防止病害。

● 查病害,勤防治　发现病鳖、伤鳖,及时隔离治疗,以免相互传染;发现蛇、鼠、蚂蚁窝等敌害生物应及时清除。

亲鳖的产前培育

● 产前培育是指早春4—5月这段时间,应加强营养,恢复亲鳖体质,保持水质稳定,环境安静,饲料配比合理,投料量要足。

● 抓好水质管理和饲养管理。产前亲鳖活动加强,水质容易发生变化,不利于亲鳖交配,也容易引起鳖病发生,因此应及时换水,定期交替用生石灰、漂白粉、强氯精等对池水进行消毒，使水质肥爽，pH 值在 7.5～8 之间，同时加强饲养，投喂优质配合饲料和一定比例的鲜活饲料，定期添加防病的中草药。

话题 3　亲鳖交配、产卵

产卵场的条件

● 位置及环境　产卵场应坐北朝南，产卵沙场稍向池塘一侧倾斜，防止积水。产卵场宽 0.5～2 米，沙深 30 厘米，产卵场的面积按每只亲鳖 0.1 平方米计算。由于鳖生性胆怯，产卵时选择凉爽、隐蔽处挖穴产卵，故可在产卵场附近种植葡萄、黄杨、美人蕉等植物，模拟自然状态，使产卵场环境保持安静、隐蔽和凉爽。

● 产卵场黄沙要清洁、疏松，保持一定的湿度　产卵沙场中的黄沙最好用干净的河沙，粒径为 0.6～0.7 毫米。沙子湿度以 8%～10% 为宜，简单的检查湿度方法是用手捏沙成团，手松开后沙团即能自然散开，表明沙层的湿度适当。如遇连绵阴雨，应将亲鳖池水位下降 20～40 厘米，以降低地下水位，并及时翻晒沙层，降低沙层湿度。

● 产卵场应搭防雨遮阳棚架　通常遮阳棚用石棉瓦作棚顶，这

样既可防止产卵沙盘被大雨浇泼，沙层板结，又可防止沙盘暴晒，使沙层过热。

● 保持产卵场安静，杜绝人为干扰 产卵期间谢绝外人参观，避免对亲鳖产卵造成影响。

● 消灭敌害 水蛇、鼠类、蚂蚁等均能残害鳖卵，须及时采取预防和消灭措施。产卵场内除了有意栽种的低矮树木外，需清除杂草，消除敌害生物的隐蔽场所。

亲鳖交配产卵

● 雌、雄鳖达性成熟年龄后即有交配行为，一般在水温20摄氏度以上，春、夏、秋季都可交配，交配一次，精子在输卵管中可存活半年以上。交配大多在晴天傍晚或上半夜进行，持续时间5~10分钟。

● 交配后10~20天，雌鳖开始产卵，5月中旬至8月上旬是产卵季节，水温28~30摄氏度、气温25~29摄氏度是最适产卵温度，尤其在雨过天晴后的晚上产卵最多，一般一年产卵3~5窝，每窝8~20个，产卵间隔2~3周。

● 亲鳖产卵多在18:00至次日清晨4:00，条件适宜时开始上岸寻找适宜的产卵场，先用后肢挖个洞穴，然后将卵产在洞穴里，产完卵后亲鳖将洞穴用沙子埋好再用身体将洞穴抹平压实。因亲鳖不孵卵，这样可防止太阳直射，减少卵子中水分的蒸发，又可避免敌害。产卵时要求保持环境的安静。

● 产卵季节如遇久旱不雨、天气过于干燥，产卵场沙子含水量降低，雌鳖做穴困难，可导致数天不产卵，应适当向沙子上淋水。

话题 4　受精卵的孵化

鳖卵孵化有室外简易孵化池和室内常温孵化、室内控温孵化等方法。工厂化养鳖量大，必须采用规模化的孵化方法，因此，通常用室内控温孵化法。

鳖卵的收集

1. 收卵前的准备
● 收卵前应事先准备好集卵箱（45厘米×45厘米×8厘米）。
● 集卵箱可兼作孵化箱，箱底与四周有漏水孔。
● 孵化用沙须先用高锰酸钾或开水做消毒处理。

2. 查卵

在亲鳖产卵季节，每天清晨在露水未干时仔细检查产卵场，以确定产卵场内亲鳖是否产卵，看爪印和压痕，寻找产卵窝，在产卵窝处做好标记。

3. 收卵

● 每天下午根据查卵时做的标记,将覆盖的细沙细心地扒开,将卵取出。

● 取出卵后,应检查是否受精,然后将受精卵整齐地排放在孵化箱的沙盘内。

● 箱底铺 3 厘米的细沙,上面摆好受精卵,动物极朝上,卵与卵之间的间隔为 1 厘米,每排可放 10~12 个卵,每层放 10 排,再在受精卵上铺 2 厘米厚的细沙,其上再放一层卵,共可摆放 2~3 层卵,然后再铺上 3 厘米厚的中沙,即可将受精卵移入孵化室孵化。

4. 受精卵的鉴别

● 若卵壳顶上有一小白点,白点周围清晰圆滑、卵色鲜亮,呈粉红色或乳白色或米黄色为受精卵。

● 若卵上无白点,或有大块不规则的白色斑块,则为未受精卵或受精发育不良的卵。

鳖卵孵化条件

1. 温度

● 鳖卵孵化适温范围为 22~36 摄氏度,最适温度 30~33 摄氏度。

● 高于36摄氏度，孵化率明显下降，37～38摄氏度为胚胎致死温度。低于22摄氏度，胚胎发育停止，低于15摄氏度，胚胎会发生死亡。

● 鳖卵孵化的最适温度为30～33摄氏度，在此温度条件下，累积温度36 000摄氏度×时（31 000～39 000摄氏度×时），孵化期45～50天，胚胎发育良好，孵化率高。33～34摄氏度时37～39天孵出，35～36摄氏度时35～36天孵出，22～26摄氏度时60～70天孵出。

2. 湿度

● 湿度是指鳖卵孵化用沙的含水量和空气的相对湿度两项指标，以前者较为重要。

● 鳖胚胎发育的沙床最佳湿度为8%～10%，即以沙"捏之成团，落地散开"为适度。

● 空气中的相对湿度影响孵化用沙湿度的稳定，孵化过程空气相对湿度保持在80%～85%为宜，早期可稍低，晚期应高些。

3. 通气

● 颗粒大小合适的沙有利于保湿和通气，是良好的孵化介质。

● 要保持孵化沙盘的通气性，沙粒直径以0.6～0.7毫米为宜。

鳖卵孵化如图5—1所示。

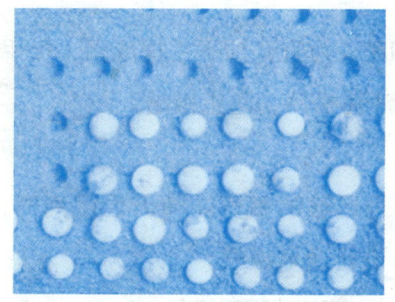 

图 5—1　鳖卵孵化

 **鳖卵孵化过程中的管理**

孵化室日常管理工作的中心任务是提高鳖卵的孵化率，根据鳖卵胚胎发育对环境的要求，可采取以下措施：

1. 温度调控

● 通常采用加温的方法（蒸气、电加热、太阳能等）使室内气温保持在 30～32 摄氏度。

● 温度过高可通过通风降温，温度过低可用白炽灯近距离照射或热水管间接加热。

● 也可采取自动控温系统对孵化室温度进行调控。

2. 湿度调控

● 室内应设置干、湿温度计，并经常在室内地面上泼水，使空气的相对湿度保持在80%~85%。

● 孵化箱沙子的湿度以8%~10%为宜,沙子手捏成团、松手即散即可,平时定期向沙面喷水并将沙面松动,防止板结。

3. 适时通风

● 每天通风1次,以保持室内有足够的氧气。晴天温度高时,应在上午8:00—9:00时打开窗户,进行通风换气。

● 室外温度较低时,可在下午气温较高时开窗换气。

● 夜晚和雨天要及时关窗保温。

4. 防敌害

孵化室的门应严密,防止鼠、蛇、蚂蚁、蚊子、苍蝇等进入,如发现上述敌害生物,须立即加以消灭,以免损害鳖卵。

5. 了解孵化进程

刚开始孵化以及孵化后期,应每隔2~3天检查1次,在孵化中期可每周检查1次。

6. 做好孵化记录

● 为了提高鳖卵的孵化率,便于孵化中的管理,须认真做好记录,记录好产卵日期、个数、孵化温度、湿度、出壳时间、受精率、孵化率等。

● 通过原始记录数据分析,改进孵化管理,进一步提高鳖卵孵化水平。如孵化管理得当,孵化率可达90%以上。

稚鳖的孵出、收集

● 当受精卵孵化积温达 36 000 摄氏度 × 时后,稚鳖即破壳而出。

● 一种方法是稚鳖出壳时,用卵齿顶破卵壳,前后经过 4~5 分钟紧张的挣扎,即破壳而出。刚出壳的稚鳖具有趋水性,利用稚鳖的趋水性,在沙盘中设置盛水容器,出壳后会爬出孵化箱跌落入盛水容器中,很快钻入沙中栖息。稚鳖出壳时间多在后半夜至凌晨。

● 另一种方法是温水人工诱导出壳,在孵化积温已达 36 000 摄氏度 × 时,并有部分稚鳖已出壳时,卵壳颜色已由淡灰转为粉白,通过降温刺激可引导稚鳖出壳。具体方法是将鳖卵放入大盆中,加入水温为 25 摄氏度的温水,以淹没卵壳为度,经 10~15 分钟的刺激,稚鳖就可破壳而出。如经 10~15 分钟浸泡,稚鳖仍不出壳,应立即取出放回原处继续孵化。

稚鳖的暂养

● 刚出壳的稚鳖常带有脐带和一些胚胎附属物,不能用手或镊子将这些除去,应让其自行断掉,自己爬入水中(此时稚鳖的腹部往往带有一小段脐带)。

● 管理人员只需每天将出壳池的稚鳖捞出,放入脸盆中,用清水洗净,再放入暂养池暂养。

● 暂养池面积为0.5~1平方米,池深15厘米,水泥抹面,一边有挡沙墙和排水孔,铺3~4厘米的细沙,浅水处2~3厘米,深水处10厘米。

● 也可用塑料大浴盆作暂养池。每平方米放养稚鳖50~60只。饲料包括丝蚯蚓、蝇蛆、蛋黄、配合饲料等,每天投喂3~5次,投喂量10%左右。每半天换水一次。

● 刚出壳的稚鳖经暂养后,可清除胚胎遗留物质,防止污染养殖水体;使稚鳖由体内营养过渡到体外营养,做到饱食下池,增强稚鳖的觅食能力和对不良环境的抵抗力;为稚鳖分级放养创造了条件,避免稚鳖之间的争食和殴斗,保证其正常生长。因此,稚鳖暂养是促进生长、提高稚鳖成活率的一项必要技术措施。

产卵孵化期间的注意事项

● 及时清除产卵沙场附近的水草。
● 产卵期间每天收卵一次,要保持沙床的疏松。
● 收卵后及时用刮板刮平沙面,傍晚用喷壶喷一次水,保持沙子的湿润。
● 每半月将产卵场沙床彻底翻一遍,将遗漏的鳖卵挖出,再将沙场刮平。

● 鳖卵要分批入孵,同批孵化的受精卵产出时间不能相隔太长。

● 孵化期间避免翻动或振动鳖卵,搬动孵化器时要轻拿轻放。

● 刚孵出的稚鳖不要用手抓,暂养2~3天,让脐带自然脱落,再放入稚鳖池中饲养。

话题 5　稚鳖、幼鳖的养殖

从孵化出壳至越冬这一阶段的小鳖,称为稚鳖,体重为3~5克到10~15克。经过第一次冬眠后苏醒的小鳖称为幼鳖,体重为10~15克到100~200克。

稚鳖池、幼鳖池条件

● 稚鳖池一般4~20平方米,长宽比2∶1或5∶2,池底铺5~10厘米的细沙,池深50~80厘米,水深30~50厘米。幼鳖池20~100平方米,池深1.5米,水深0.8~1米。

● 设置休息台、饲料台、进排水管等设施。无沙鳖池一般在养鳖池中成束悬挂条形聚乙烯网片（与拖把相似），束状网片在水中成为鳖的隐蔽物。

养鳖棚如图5—2所示。

图5—2 养鳖棚

放养前的准备工作

刚刚孵化出壳的稚鳖,身体娇嫩,运动能力、摄食能力、对不良环境的适应能力及对疾病的抵抗力都较差,在放养前应做好准备工作,创造一个适合稚鳖生活习性的养殖环境是必要的。幼鳖对环境的适应能力明显增强。

1. 放养前的设施检查

放养前要检查所有设施,包括供热系统、增氧系统、进排水系统以及池底是否渗漏,经运行正常后,才能将鳖放入池中。

2. 做好消毒工作

● 温室、大棚用福尔马林和高锰酸钾熏蒸消毒,关紧门窗2～3天。

● 饲养池中的细沙应冲洗干净,如果是上一年用过的沙子,要在放养前1个月堆起、晾干,去除黑臭,用200～300毫克/升生石灰或50～80毫克/升漂白粉消毒2次,然后再用清水洗干净。

● 稚鳖、幼鳖放养前要用20毫克/升高锰酸钾或3%～5%食盐水浸浴消毒。

3. 养鳖池放入新鲜水

● 稚鳖放养前5～6天,池中进水20～30厘米,水浅的好处在于能减小稚鳖呼吸时钻进钻出的运动距离,减少其体力消耗。因为在放养初期，稚鳖摄食不足、体质虚弱，因此这一点尤为重要。

● 幼鳖放养前将池中进水 50～60 厘米。

稚鳖、幼鳖的放养密度

● 由于技术水平、养殖设施和调控措施等方面的条件不同，稚鳖、幼鳖养殖的放养密度差别很大。

● 一般 3～5 克的稚鳖放养密度为 100 只/平方米，10～25 克的稚鳖放养密度为 80 只/平方米，50～75 克的稚鳖放养密度为 50 只/平方米，100～120 克的稚鳖放养密度为 30 只/平方米，150～200 克的稚鳖放养密度为 15 只/平方米。

饲料及其投喂

1. 饲料的选择

在水温适宜的条件下（28～32 摄氏度），稚鳖、幼鳖食欲旺盛，其生长的快慢、成活率的高低，很大程度上取决于投喂饲料的质和量。

● 稚鳖、幼鳖的饲料分鲜活饲料和配合饲料。进行大规模专业化养鳖时应以配合饲料为主，鲜活饲料为辅。

● 鲜活饲料有丝蚯蚓、蝇蛆、蛋黄、小鱼虾、动物内脏做成的肉糜等，日投喂量为鳖总体重的10%～20%，投喂前用5%的食盐水浸洗5分钟。

● 配合饲料的原料多用脱脂鱼粉，在投喂时要添加3%～5%的植物油及鱼肉（为配合饲料干重的3倍）以及适量的蔬菜。将每100克干饲料加100毫升左右的水，在搅拌机内搅拌2～3分钟，做成面团状或颗粒状，投放在饲料台上。

2. 饲料的投喂

饲养在温室内的稚鳖、幼鳖投饲时应做到"四定"：

● 定质　配合饲料现做现投，轧成一定规格的颗粒，其粒径大小必须与稚鳖、幼鳖体重相适应（见表5—3）。

表5—3　不同体重的稚鳖要求颗粒饲料的粒径和日投饲量

稚鳖体重（克）	颗粒饲料粒径（毫米）	日投饲量（鳖总体重%）
3～5	2	10～15
15～20	3	6～8
20～50	4	4～5
大于50	5～7	3～4

● 定量　根据稚鳖、幼鳖的生长规律和全池鳖的总体重，及时调整日投饲量，投饲后以能在1.5～2小时内吃完为宜。根据吃食情况，适当增减。通常每隔1周左右，调整1次日投饲量。

● 定位　为了防止饲料散失和浪费，减少水质污染，便于检查稚鳖、幼鳖的吃食情况，饲料必须放在固定的饲料台上（饲料台可以上下升降，略向池内倾斜，一侧浸在水中，以使鳖能爬上饲料台）。

● 定时　每日投饲2次，即早上8∶00和下午4∶00各投1次。

稚鳖、幼鳖的分养

1. 分养时间和管理

● 稚鳖初放养时由于个体小，放养密度较大，随着鳖体的增大，生存空间相对缩小，影响鳖的生活活动。鳖即使是同源、同重的个体，经一段时间的饲养后，也会出现大小分化。饲养池中稚鳖、幼鳖的个体差异较大时，会相互厮咬，发生外伤以致感染疾病而死亡。因此，在饲养过程中要及时进行分养。

● 一般来说，在10月上中旬前进行一次大小分级，当鳖个体达到50克左右时进行第二次分级饲养。分养前要做好准备工作，如准备好养殖池、工具和鳖用消毒药物，制订分养计划等。

● 分养后，在新环境下，鳖容易产生应激反应，引起相互厮咬或停食。防止环境突变，是安全分养的关键措施之一。

2. 分养方法

在生产上常用以下方法：

● 将原池的上层水体放入新池（占新池水体的一半），新加入的水不能过清。

● 同一池的鳖（未分养前在同一池养殖的）仍同池饲养。此法可以减少应激，是实现安全分养的重要措施。

● 分养前1周左右最好在饲料中添加抗应激反应的中西药物（如维生素C、穿心莲等）饲喂5天左右。

温室环境和水质管理

1. 温室环境管理

鳖在生长期是用肺呼吸的，因此，温室、大棚必须定期通风，更换室内污浊空气，保持温室空气新鲜。

2. 水质管理

（1）温度调控

● 如果是加温养殖，无论在哪一个阶段，都必须保持温度稳定，水温30±（1～2）摄氏度，气温33～35摄氏度。

● 池水加温用热水和蒸汽，室内空气加温采用散热装置。

（2）水深与水体交换　稚鳖池的水深一般为10～30厘米，幼鳖阶段随着个体长大，由浅逐渐加深，水深范围为60～100厘米。

（3）调控水质

● 适宜的光照对调控水质有重要作用。适宜的光照能促进藻类

（主要是蓝绿藻类的微囊藻、栅藻和板星藻）繁殖，补充水中氧气，分解水中有机物，有保持水质稳定的作用。同时，光照便于鳖晒背。

● 可在稚鳖、幼鳖池放养一些水生植物（如浮萍等）。放养浮萍后，鳖池水面形成一层绿色屏障，为鳖躲避敌害提供了安全的藏身之地。

温室、大棚的日常管理

● 俗话说"三分养、七分管"。加强温室的日常管理是提高稚鳖、幼鳖成活率，培养大规格鳖种的基本措施。

● 温室的日常管理工作可概括为"五查、五勤"。"五查"即查水温和室温、查水质和湿度、查鳖吃食情况、查病害、查生长情况。"五勤"即勤巡视、勤排污、勤做清扫卫生工作、勤防鳖病、勤记录。

话题 6 成鳖的养殖

温室、大棚养鳖是在养鳖池上加盖塑料大棚，可为单层塑料大棚，也可为双层塑料大棚，双层塑料薄膜间距5厘米，用来保温，效果更好，可进行人工加温，也可不加温。具体做法是将150~200克的幼鳖（一般在第二年5月）转入盖有塑料大棚的成鳖池饲养。我国地域辽阔,从5月到10月,能达到鳖的最适生长水温(30摄氏度)的时间一般只有2~3个月,长江中下游一带只有80天左右。通过加盖塑料大棚保温,就可以使春末夏初的养殖时间延长两个月以上,让鳖从孵出到养成有较长时间处于适温范围内,达到快速养殖的目的。温室、大棚养鳖是比较理想的饲养方式。

养鳖池底质改善与清塘

● 水泥池底或底质坚硬的池塘,在鳖放养前10天要铺上10~15厘米厚的细沙或软泥。在鳖放养前用生石灰或漂白粉清塘,以杀灭池水和底泥中的有害生物、野杂鱼和病原体,为鳖的生存、生长创造一个良好的生态环境。

● 不铺细沙和底泥的池塘,可在养鳖池中成束悬挂条形聚乙烯网片(与拖把相似),束状网片在水中成为鳖的隐蔽物。

成鳖放养方法

1. 适时放养

鳖种可在15~17摄氏度时开始放养,坚持到6月中下旬再移

到室外露天池放养。

2. 鳖体消毒

● 鳖体消毒十分重要。应针对不同的病原体采用不同的药物。

● 鳖放养前一般可用 20 毫克/升高锰酸钾或 3%~5% 食盐水或浓度为 30 毫克/升的聚维酮碘（含有效碘 1%）浸浴消毒。

3. 放养方法与放养密度

● 一般是一次放足，至放养密度不变。

● 考虑到在生长最快的时候捕捉会影响鳖的摄食和生长，可以在 4—6 月分养时，即按 6~15 只/平方米的标准放养，一直到年底出池，以减少中间分养环节，也可进行鱼鳖混养。

饲料及其投饲方法

1. 饲料的搭配

● 使用配合饲料时，应加投 1%~2% 的蔬菜和添加 3%~5% 的植物油。

● 在低价鲜杂鱼易得的地方，在每千克配合饲料中可添加 3.5~4 千克的鲜杂鱼和 1%~2% 鲜蔬菜（或青饲料），促进鳖的摄食量和增重率。

2. 饲料台的设置

● 鳖、鱼混养池，为避免肉食性鱼类对饲料的竞争，每亩鳖池应设马鞍形饲料台 2～3 个，让鳖、鱼"分灶吃饭"。

● 在投喂鱼饲料半小时之后，再投喂鳖饲料。

3. 饲料的投喂量

● 鳖的投喂量，应根据鳖的大小和水温高低以及投喂时的摄食情况等来掌握，一般较小的鳖日投饲率（占体重的百分数）较高，在水温接近 30 摄氏度时，日投饲率高，水温低时，应减少投喂鲜活饲料，以保持营养均衡。

● 水温降至 18 摄氏度以下时，鳖逐渐停止摄食，不再投饲，准备捕捉上市。

4. 饲料消毒

● 饲料中往往带有病原体，尤其是不新鲜的冰鲜饲料。饲料中的病原体除了直接进入鳖体外，有的还带入养殖水体中，成为新的传染源。因此，冰鲜饲料的消毒很重要。

● 消毒的方法是将冰鲜饲料用水洗净，然后用 20 毫克/升的高锰酸钾浸泡 20 分钟。

● 需注意的是，鳖吃惯某一种饲料后，如突然改投另一种饲料，往往会因不习惯而减少摄食量，影响生长。

温室设施水产安全养殖技术

成鳖养殖池的水质管理

保持成鳖养殖池的水质良好是一项复杂、细致的工作,是温室大棚饲养成鳖稳产、高产的基本保障。水质管理包括以下几方面:

1. 增氧

每 500～600 平方米的温室需要配备 1.5 瓦的增氧泵,每 4～5 平方米需设一个曝气头,曝气头不能集中在一个地方,基本上应该均匀分布,尽量减少养殖池中的充氧死角,同时可以形成一定的水流。

2. 排污与换水

● 定期排污是控制水质的有效手段,一般 2 天排污 1 次。

● 换水是调节水质最直接的方式,但频繁换水一方面费用高,另一方面换水会破坏原有的生态平衡。因此换水应根据水质情况,决定换水量多少,一次换水量不超过 5 厘米,避免大量换水。

3. 定期使用微生态制剂

● 有益细菌在水中扮演的角色非常重要,一方面它能将养鳖池中不断产生的有机废物分解成无机物;另一方面,由于有益菌的大量繁殖抑制了病害微生物的繁殖,能够直接防止鳖疾病的发生。

● 可以在饲料中拌饲或全池泼洒微生态制剂,一方面促进消化吸收,减少排泄物,提高饲料利用率;另一方面起到一个引种和维持水中一定含量有益菌的作用。

话题 7　鳖的越冬

越冬前的培育

● 当水温降至 12 摄氏度时，鳖即潜入池底泥沙中，不吃不动，进入冬眠状态，以此度过长达半年之久的冬季。

● 越冬前的强化培育，是帮助鳖正常越冬和恢复体质的一个有效措施。

● 越冬前的一两个月投喂的饲料应增加一些动物性饲料，配合饲料也应添加 3%～5% 的植物油、2%～3% 的复合维生素等，促使鳖体存储一定量的脂肪，满足越冬期间的能量需要。

越冬场所的选择

良好的越冬场所，应选择阳光充足、避风、环境安静的池塘，池底铺 20～30 厘米的软泥。

越冬期间水质和水位调节

- 越冬期间调节好水位和水质。
- 适宜越冬的水温在4~8摄氏度之间。
- 越冬期间养鳖池的水位应保持在1.5米左右，1~2个月调换部分池水，保持鳖池周围的环境安静，以免鳖在水中受惊吓，频繁活动而消耗能量。
- 保持水质具有一定的肥度。

如果设置加温设施，可进行常年养殖，就不涉及越冬问题。

话题 8　鳖的捕捞、包装和运输

鳖一般体重达0.5~1千克即可上市。商品鳖的捕获方法很多，一般根据需要量采取不同方法。

徒手捕捉

- 在需要量较少时，可穿水裤入池，用脚踩摸，踩到鳖或看到有鳖活动的水花时，即可用手捕捉。

● 捉鳖时用食指和拇指卡住鳖的后半身，并先向泥沙中插一下以防逃逸，当鳖不再往泥沙里钻时，可用两指卡住鳖的后腿两胯腋下，从水中抓住。

● 切不可捉其前部，以免鳖头伸出咬伤人。万一被鳖咬住，需迅速将鳖和手放入水中，鳖会松口而逃脱。

围网捕捉

● 在需要量较大时，可用灯光在岸边照捕或用网捕捉。

● 下网操作时，注意动作轻巧迅速。所用的网，网衣要宽，收网要快，以防鳖逃走或钻入泥沙。

● 也可在鳖晒背或吃食时，用网局部围捕。

干塘捕捉

● 如果需要将池内鳖大部分或全部捕捉时，可采用干塘捕捉的方法。

● 先将池内水排至20厘米深，然后边捕捉，边将池水搅浑，再将池水全部排干，人不再入池，等到夜晚，泥沙中的鳖会全部爬出。此时可用灯光照捕，一般可一次捕尽。

● 幼鳖、成鳖转池时也可采用此法。

鳖的包装和运输

1. 包装工具

活鳖的包装工具随季节不同而不同，一般有以下几种。

● 常温运输桶　为一椭圆形的木桶，长85厘米，宽55厘米，高40厘米，桶底有滤水孔数个，每桶可装活鳖20千克。此为低温季节常用的包装工具。

● 低温运输桶　将上述运输桶在离桶底约1/2处，用木条制成隔板，将木桶分隔成两层。下层可装活鳖10千克，上层装冰块10千克，起降温作用。通常在常温季节采用这种包装工具。

● 活鳖箱　适于高温季节用。由木板和白铁皮制成，大小规格根据需要而定。箱底有出水孔，中间可嵌放大小不同的格板。格子大小以每格内放一只活鳖为度，格底铺以鲜水草，鳖上再盖水草和箱盖。

2. 商品鳖的运输方法

● 运输前选好包装工具，并进行整理，保持清洁干净，里面要光滑平整，包装前应将活鳖挑选一次，及时剔除不健康鳖与伤残鳖。

● 如果气温高,在运输前对饲养的鳖应停食 2~3 天,使其排出粪便,减少对包装工具的污染,将经过挑选的健壮鳖先用 20 摄氏度以下的凉水冲洗一次,并浸泡 10 分钟,以清洁皮肤和降低活动能力,再按规定将活鳖装入包装工具。

● 包装的填充料以干净柔软的水草为好。一般不宜用稻草作填充料,因稻草浸水后呈碱性,容易损伤鳖的皮肤。最后将包装工具捆扎严实。搬运时小心轻放,防止损坏包装工具。

● 要尽量缩短运输时间,运输途中做好防冻、防晒、防腐、防高温、防风吹的工作,精心护理,减少损失。运输最好用空调车。

3. 鳖种的运输

● 因鳖种较小且很活泼,运输难度较大,故不宜采用商品鳖的运输方法。

● 一般可用鱼苗桶带水装运。桶内水深 10~20 厘米,装相同规格的鳖种 5 千克左右,然后盖上防逃网。

● 如果运输时间较长应经常换水。

● 冬眠运输不必装水,但要做好防冻保温工作。鳖种运输一般在入冬前进行。

第六讲 南美白对虾温室设施养殖技术

我国南方地区全年大部分时间的水温都比较适合南美白对虾的生长，在冬季和初春自然水温却不能满足南美白对虾的生长要求，但此时的活虾价格较好，可获得较高的经济效益，在这种情况下，广东、福建以及广西等部分地区尝试在冬季通过搭建保温棚增温的方法进行南美白对虾的养殖，虽然投资高、风险大，但是养殖收益与夏秋季正常养殖相比更高，因此受到部分有条件养殖者的欢迎，养殖面积逐年扩大。

话题 1 南美白对虾的生物学特性

对水温的要求

● 南美白对虾属热带性虾类，耐高温、不耐低温，人工养殖适宜的水温范围为16～38摄氏度，最适养殖水温为23～32摄氏度，对高温的热限可达43.5摄氏度，水温低于18摄氏度时，对虾会停止摄食，长时间处于水温低于13摄氏度的环境中会出现昏迷危险状态，水温低于9摄氏度时会死亡。

● 对虾个体越小对水温变化的适应能力越弱。水温上升到41摄氏度时，个体体长小于4厘米的对虾12小时内全部死亡，个体体长大于4厘米的对虾，12小时内仅部分死亡。

● 水温变化越慢，对虾的适温范围越广，反之适温范围越窄。

● 1克左右的南美白对虾在30摄氏度时生长速度最快，而12～18克的南美白对虾则在27摄氏度时生长速度最快。

对盐度的要求

● 南美白对虾属广盐性虾类，在盐度为5～35的海水中均可生存，适于养殖的盐度范围为10～12，在咸淡水中生长最快，在适宜的范围内盐度越低生长越快，病毒病也较少。

● 南美白对虾经过逐步淡化可在淡水中生长。个体较大的对虾（体长5厘米左右）较个体较小的对虾（体长2厘米以内）对盐度变化的适应能力强。但南美白对虾亲虾必须在盐度高于26的海水里才能成熟、产卵。

温室设施水产安全养殖技术
WENSHI SHESHI SHUICHAN ANQUAN YANGZHI JISHU

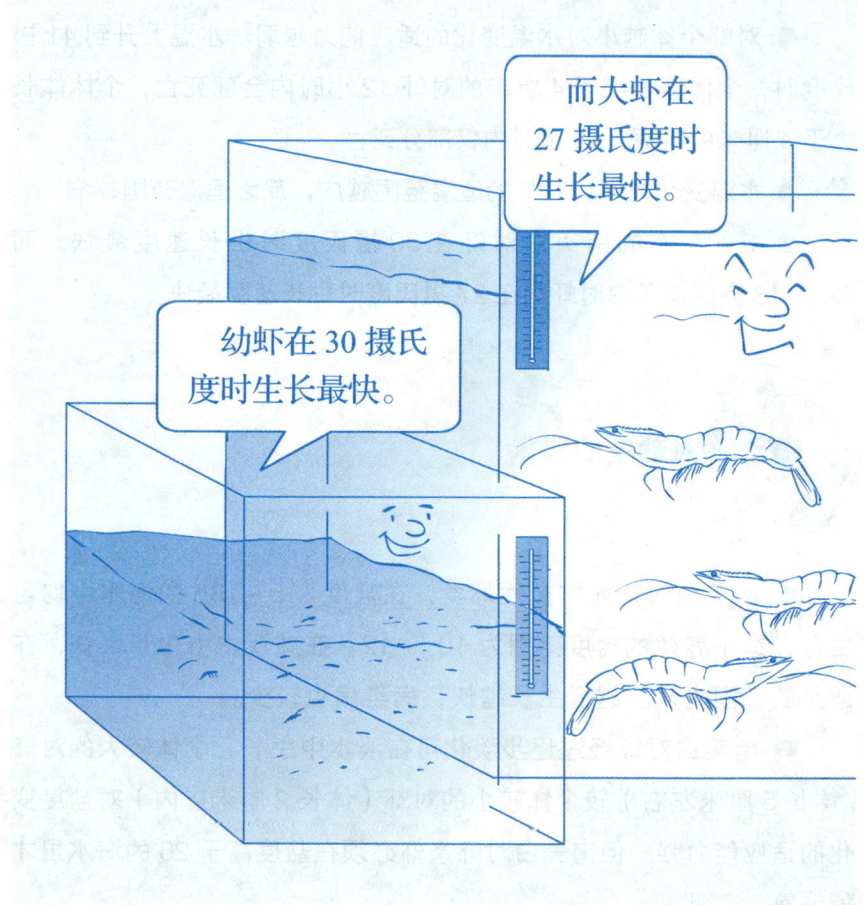

对 pH 的要求

● 南美白对虾一般适于在弱碱性水中生活，pH 值以 7.6～8.3 较为适合，其生长范围在 7～9 之间。

● pH 值低于 7 时，南美白对虾会出现个体生长不齐、活动受到限制的现象，也会影响对虾的蜕皮。

对溶解氧的要求

● 耐低氧能力　南美白对虾耐低氧能力较强，不同大小的个体对低氧的耐受能力稍有差异，个体越大，耐低氧能力越差。

● 缺氧窒息点　南美白对虾的缺氧窒息点约在 0.5 毫克/升。一般养虾池塘溶解氧应保持在 4 毫克/升以上，不得低于 2 毫克/升。

● 耐干露能力　南美白对虾耐干露能力较强，可以较长时间离水而不死。

食性

● 南美白对虾属偏肉食的杂食性虾类,在自然水域中主要以小型甲壳类动物为食,如桡足类、糠虾类等,也可摄食多毛类、双壳贝类及底栖硅藻等。

● 人工养殖过程中主要以配合饲料为食。

● 南美白对虾有昼伏夜出的习性,夜间活动频繁,白天则相对安静;在人工养殖条件下,南美白对虾白天也会摄食投喂的配合饲料。

● 在对虾属中,南美白对虾对饲料中蛋白质的需求量相对较低。

变态与蜕壳

● 南美白对虾从受精卵开始孵化,在水温28~30摄氏度、盐度29的条件下,经12小时孵化出幼体,刚孵化出的幼体称为无节幼体,经6次蜕皮后成为蚤状幼体,蚤状幼体经过3次蜕皮后进入糠虾幼体期,再经3次蜕皮后才变态成为仔虾。

● 南美白对虾的幼体变态需要历经12次蜕皮,历时约为12天。体重为1~5克的仔虾4~6天蜕壳一次,15克以上的大虾一般约

2周蜕壳一次。

● 对虾蜕壳是非常危险的时期,死亡率较高,若不能顺利渡过蜕壳期,意味着生长受阻甚至会导致死亡。

繁殖习性

● 南美白对虾属于开放式纳精囊类型,其繁殖特点与中国对虾等封闭式纳精囊的类型不同,交配时的雌虾已经成熟,交配后数小时至几天内即可产卵,而封闭式纳精囊类型的对虾交配时雌虾没有成熟,交配后要经几个月的时间才能产卵。雌虾产卵时,精荚同时释放精子,在水中完成受精过程。

● 南美白对虾性成熟年龄在10~12个月。雌虾成熟卵巢为红色,产出的卵粒为豆绿色。体长14厘米的雌虾,怀卵量一般有10万~15万粒。南美白对虾为多次性产卵类型,每两次产卵间隔的时间为2~3天,产卵次数有的可达十几次,连续3~4次产卵后伴随1次蜕壳。未交配的雌虾,只要卵巢发育成熟也可产卵,但卵子不能受精孵化。

● 雄虾精荚可以反复形成,但成熟期较长,两次精荚成熟间隔一般需要20天,而摘除雄虾单侧眼柄后精荚的形成速度会明显加快。

生长特性

● 南美白对虾需伴随周期性蜕壳才能生长。

● 南美白对虾的生长速度较快,养殖周期短,在水温30~32摄氏度、盐度20~30时,虾苗在80天内便可长成60~70尾/千克的规格。

● 南美白对虾平均寿命可达32个月。适合高位池高密度精养或半封闭式养殖,一般高位池每亩放虾苗4万尾左右,养成单产量可达500千克以上。

其他特性

● 对环境的适应能力强,耐粗饲,抗病力强,成活率高。

● 钻沙与潜底习性不明显,排水收虾比斑节对虾等方便。

● 肉质好,壳薄,出肉率高达60%左右。

话题 2　南美白对虾冬棚的建设

养虾场地的选择

● 选择无污染的沙质或沙泥质"荒滩""盐碱地"及适于养殖的沿海地区，淡水资源要丰富。

● 南美白对虾属暖水性虾类，南方比北方更适合其生长，可开展多茬养殖。

● 新建对虾养殖场应选择远离原有对虾养殖区和城区、水质优良的地方，高位池应建在高潮线以上1~2米的海岸线附近。

冬棚搭建时间

● 根据各地的气候特点，选择在冷空气到来之前搭建冬棚，到翌年气温回升至23摄氏度以上时可将冬棚拆除。

● 大多数采用先搭棚后放苗的方式，也有的先放苗，然后再搭建冬棚。

常见冬棚的结构和特点

常见冬棚的结构有三种,根据所在地的不同可将它们分别称为珠三角保温棚、闽南保温棚和福州保温棚。不同结构保温棚的特点见表6—1。

表 6—1　　　　　不同结构保温棚的特点

保温棚类型	结构特点	优点	缺点
珠三角保温棚	薄膜上下无尼龙网覆盖,只有钢缆,钢缆间距较小	搭盖简单,成本低	抗风能力差,薄膜易破损
闽南保温棚	薄膜上下为两层尼龙网,网的上下为两层钢缆(或尼龙绳),钢缆(或尼龙绳)的间距较大	整体性好,薄膜不易破损,成本低	保温性、抗风能力差,在风大、气温偏低的地方不适用
福州保温棚	用竹片弯成半圆形,在上面覆盖薄膜	薄膜上不会积水,保温性能好,抗风能力强	造价高,成虾收获困难,一般采取"笼捕法"收虾

搭建冬棚的材料

● 搭建不同类型冬棚所用的材料有所不同。总体要求所搭建的支架坚固、稳定，能支撑成人在上面走动和作业。

● 支架、钢缆规格的选择要根据当地的风力大小决定。

● 塑料薄膜可选用透光性好的白色薄膜，气温低的地区可选择略厚的薄膜。

冬棚搭建时的注意事项

● 铺膜时应注意薄膜与支架间的固着，使薄膜与支架、支撑网构成一个整体。

● 棚顶斜度平顺，下雨时不易在棚顶形成积水。

● 冬棚边沿部分易积水，在薄膜拉盖后应在局部区域用竹竿等器具将薄膜扎破，以防暴雨天气因积水过多而导致冬棚坍塌。

虾池的建造

1. 虾池的面积和形状

● 面积　虾池的面积要根据当地排灌条件、养殖技术及管理水平等因素来确定，一般在1亩左右。

● 形状　虾池的形状以长方形较好，便于棚的建设和生产操作。

2. 虾池的结构

● 精养池可为水泥砖石结构、土池结构,也可为沙泥底铺塑料薄膜结构,薄膜上面不用再铺沙土,薄膜接口处用黏性较好的胶粘合。

● 池堤砌成砖石结构或铺设水泥预制板,也可直接浇注水泥挡板,池堤坡度为1∶1～1∶1.5,池深2.0～2.5米,水深1.5～2.0米。

● 池底向排水口倾斜,池底铺设L形排水管,直径20～40厘米,与排水渠相通,管口与池底平齐,装60目金属网片,上套塑料管,高出水面30厘米,以此控制排水;也可在池中央排水管口铺设60目金属拦网,在池边排水渠口处用闸门控制排水。

话题 3 南美白对虾的主要养殖模式

高位池养殖模式

● 高位池养殖模式又称提水式精养模式,是在海水高潮线以上的区域建造养殖池塘进行对虾养殖,具有投资大、产量高、病害少、养殖成功率高,但风险较大的特点。

● 根据虾池的底质结构特点,对虾养殖高位池可分为三种,即水泥护坡沙底养殖池、铺地膜养殖池和池壁及池底均为水泥建造的养殖池三种类型。

● 根据对三种高位养殖池塘的基建投资成本、池塘保养维护、生产管理、养殖生产成本、养殖效果、养殖经济效益等因素的综合分析,水泥护坡沙底池和地膜池更适合南美白对虾大面积生产的要求。

● 铺地膜养殖池,一般呈正方形池底锅底结构,池底铺地膜(地膜厚度一般为0.35毫米),排污口设于池子中央(为中央排污),池子中间深2.5米,四周深2米,每个池子分别设海水和淡水进水管道。

高盐度海水兑淡水精养模式

● 水源为盐场卤水,利用盐度为40~120的高盐度水兑地下淡水配成盐度为20左右的低盐度海水进行小池塘、深水位、强增氧、控污染的一种对虾养殖模式。

● 此种模式在一定程度上切断了海水污染源直接进入虾池的途径,防止了病害的传播,在养殖全过程中使用增氧机强化增氧,保持池水足够的溶解氧,定期使用水质改良剂,施以微生物调控,消除自身污染,改善水质。通过综合手段,最大限度地延缓池水老化的进程,保持池水的生态平衡与稳定。定期使用消毒剂消毒池水,并用抗菌药物拌成药饵定期投喂,预防虾病。

● 此种模式水质较好,放养密度大,成活率高,产量高。

淡水添加养殖模式

● 在有淡水资源（江河、地下水等）的地区，可采用淡水添加养殖模式。

● 具体做法是在对虾养殖开始时一次性纳入海水，消毒以后不再添加海水。在养殖过程中，逐渐添加淡水直到对虾养成上市前一星期为止，最终养殖水体盐度为2～3；上市前再逐渐添加海水，每天使池水盐度升高3～4，一直升高到10，这样可使虾体肉质结实，味道鲜美可口，价格升高。

● 在高密度的养殖过程中需充氧，以保证氧气的供应，保证池水质量，降低诱发白斑综合征的因素。

● 此种养殖模式的优点是减少了虾病发生的机会，促进了对虾的生长，提高了对虾的质量。

淡水养殖模式

● 南美白对虾是广盐性虾类，虾苗经过淡化后可以在淡水中养殖，此种模式在河口和淡水资源丰富的地区发展迅速，目前淡水养殖南美白对虾占有相当大的规模。

● 淡水养虾的一个关键问题是虾苗的逐渐淡化，放苗前虾苗最好经过多级淡化，淡化速度不宜过快，一般盐度每天下降不超过 3～4，经过 5～7 天的淡化盐度降至 3～4，再稳定 24 小时以上才可放入淡水池塘中养殖。

● 一般可在虾苗场对虾苗进行淡化，直至盐度和养殖水体接近。也可在标粗池或池塘的某一角围隔中对虾苗进行暂养，进一步淡化。

● 淡水中养成的对虾肉质和口感略次于高盐度水体养殖的对虾。

话题 4　放苗前的准备工作

彻底清整池塘

1. 清淤

● 上一茬养殖过后，在池塘底部聚集了大量对虾粪便、残饵等有机污物，要及时将其清除以避免有害菌大量繁殖。

● 铺地膜的池塘和水泥池可使用高压水枪进行冲洗，土池也可使用高压水枪冲洗或待池塘晒干后用推土机将淤泥清除。

2. 整池和晒池

● 土池在清淤工作完成后即可对底部进行平整，并修补池堤和进、排水口渗漏的地方。

● 如果时间充裕、天气适宜,可让池塘进行充分暴晒,以进一步杀灭病菌。

3. 池塘消毒

● 铺地膜的池塘和水泥池在冲洗干净后,在池塘中撒入生石灰或漂白粉,使用量以池底和池壁均匀撒到为准。

● 土池在池底、池壁经水润湿后撒入生石灰或漂白粉。底质偏酸性的使用生石灰,每亩用量为100~200千克;底质偏碱性的池塘使用漂白粉,每亩用量为10~20千克。

进水

● 池塘彻底消毒并且冬棚支架安装后方可向池塘中进水。

● 水源为地下水或沙滤海水的可以直接泵水入池,海水取水时最好引入高潮期的上层水。

● 使用海水和地表水的应在进水闸口或水泵的出水口处安装60~80目的筛绢网。

● 养殖过程中进水不方便的池塘,可一次性把水进足(进水深度可根据池塘的具体情况而定,一般在1.3米以上);养殖过程中进水方便的池塘可先泵入深1米左右的水,养殖过程中根据实际情况再逐渐添加。

 肥水

肥水的作用是维持虾池内稳定的水环境,培养虾池内的天然饵料生物,发挥优势藻种的抑菌作用,使水质长期保持最佳状态,以提高池塘初级生产力,进行生态防病。

1. 盐度调节

水源为纯淡水的应在整个池塘或池塘的围隔中添加天然海水、海水晶或盐卤,使池水的盐度提高,以提高虾苗的成活率。

2. 水体消毒

● 进水后进行水体消毒。一般使用对细菌、病毒、霉菌等杀灭能力强,且对浮游植物损害性较小的消毒剂(如二氧化氯等)。

● 若用蓄水池中已消毒的水,引入后即可立即施肥养水,保持水环境的稳定性。

3. 施肥

● 对养虾多年的老池塘一般施无机肥料;新开池塘和池水过瘦的池塘可施有机肥料,也可施无机肥料,最好二者结合施用,以便培养繁殖一些有益于虾苗生长的天然生物饵料,包括底栖生物、浮游生物、单细胞藻类和大型海藻类。

● 若用畜禽粪肥等有机肥料,一般要经充分腐熟,每亩施200~300千克,经7~8天的培养,池水透明度在30~40厘米,

水色呈黄绿色或黄褐色，说明池塘内已有丰富的天然饵料生物，可以进行放苗养殖。

● 若施尿素、碳酸氢铵、磷酸二氢钾等无机肥料，可在虾苗放养前3～5天施用，每亩施4～5千克。氮磷比为3∶1～7∶1，有利于绿藻的繁殖；氮磷比为10∶1，有利于促进硅藻的繁殖。此时若水中天然饵料生物不足，也可向池内移植部分天然饵料生物。

 **专家提醒**

　　华南地区气温高，老塘会快速生长底层藻，在底层藻铺满水底的情况下，不仅对虾难以生存，而且有益藻类也无法生长，这时候越施肥料池塘越清，原因是肥料尤其是化肥深入水底，很快被底藻吸收。池水越清，阳光越能直射水底，底藻更是疯长，一旦形成恶性循环，只能放水重新肥水。

话题 5　虾苗的放养

 **虾苗的选择**

　　虾苗健康与否关系到入池后虾苗的成活率和生长速度，所以虾苗

的选择是养虾成功的先决条件,只有选择到不带致病病原的健壮虾苗,才能保证养虾工作的顺利进行。虾苗的选择一般从以下几个方面进行。

1. 进行检疫

● 在选择虾苗时要严把质量关,所选虾苗必须是无病毒携带者。选购虾苗时,应取部分虾苗委托有关部门进行流行病病毒的检测,也可购买诊断试剂盒自行检测,选购检查呈阴性的虾苗。

● 无病毒携带者的虾苗不一定百分之百可以养殖成功,还涉及水环境、饵料与管理等相关因素,但携带病毒的虾苗一定难养。

2. 看虾苗的规格

● 虾池中,健康的虾苗大小规格一致,个体差别不大;而发病虾苗规格不一,大小悬殊。

● 南美白对虾虾苗通常分两种规格出售,即体长0.8～1.0厘米和体长1.0～1.5厘米,虾苗以大者为好,虾苗体长1.2厘米以上者成活率高,但并非越大越好。

3. 看虾苗的体质

(1) 健康虾苗

● 健康虾苗肢体完整,体节分明,肌肉饱满,尾扇分开,身体透明,色淡,粗壮;病弱虾苗身体纤细,体色发红或腹部白浊。

● 健康虾苗第一触角的两条小触角经常并拢,偶尔分开摆动几下后又重新并拢;病弱虾苗则两条鞭经常分开,甚至不能并拢。

● 健康虾苗全身干净不挂脏,病弱虾苗甲壳及附肢经常附着纤

温室设施水产安全养殖技术

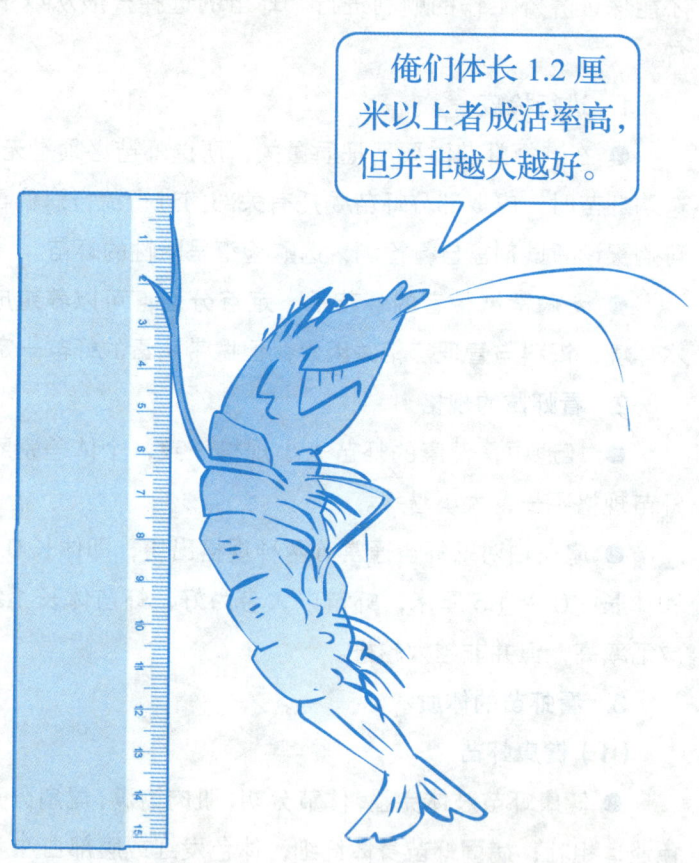

毛虫、丝状细菌、长杆菌等，即所谓的"挂脏"或"长毛"。

（2）患病虾苗

● 患病虾苗一般表现为体形不对称，胸甲发育不全，腹部曲折，虾体含包含物增多。

● 在育苗过程中，如发现有以下 3 种情况时虾苗不可购买，一是虾苗死后肢体完整；二是虾苗死后身体变为白色或红色；三是活时虾苗背部无光泽。

● 质量不好的虾苗，即使不是病苗，养殖存活率也是很低的。

（3）简易判断方法

● 在白瓷盘中装入少量虾苗和水，用手轻轻转动水，虾苗若分布四周而不堆集于中央则为逆水强的健康虾苗。

● 从育苗池内随机取出若干尾虾苗，用拧干的湿毛巾将它们包埋起来，10 分钟后取出放回原水，若虾苗存活则为优质虾苗。

4. 看育苗池内虾苗的密度

● 在育苗池内虾苗密度较大，每立方米水体至少在 5 万尾以上；密度较稀表明曾经发过病。

● 池内剩余大卤虫较多，表明虾苗摄食不好，可能有病。

● 出池后池底沉积物多，严重发臭，虾苗可能质量较差。

5. 看池底情况

选购虾苗时，需了解虾苗育苗池池底状况（如饵料的残留量、池底死亡的虾苗数量及腐败程度）如何，如果虾苗死亡个体尚呈白色，表示这些虾苗是刚死不久的，推测现在育苗池中存活的虾苗即使外观良好,但仍有继续死亡的可能。

6. 了解育苗水温情况

● 挑选虾苗时,还要了解在对虾育苗培育过程中的温度控制情况,凡是"高温"培育的虾苗,发育和生长虽然"良好",但体色往往较白、纤细,放养后对自然环境的适应能力差,成活率低。

● 注意虾苗在出池前是否被换池或被混入其他的虾苗,这样的虾苗规格不整齐,患病的可能性大。

放苗条件

● 放苗时,虾池水深为60~80厘米,池水透明度达40厘米左右,池水温度稳定在20摄氏度以上,盐度应控制在适宜的范围之内,育苗池、中间培育池和养成池水的盐度差应小于3,池水盐度差大于3时,可通过驯化虾苗使之适应盐度的变化。

● 放苗应选在晴天的白天进行,切勿在寒潮袭击、阴雨天等恶劣天气或炎热的中午放苗,尽量避免在不稳定因素来临之前放苗。

● 育苗场排水集苗等工作一般在中午或下午进行,并且用原育苗池水装袋,这样可以使虾苗减少应激。其理由是虾苗蜕壳变态大都在上半夜进行,刚蜕壳的虾苗体表较软,体质相对较弱,须经一定时间才能恢复自如。若在早上进行排水集苗、装袋(苗)、运输等，这些操作将使虾苗遭受突发性的应激，从而直接影响虾苗的成活率。

● 放苗时要求做到"六早、六不放、一准确"，即早清池、早进水、早施肥、早放苗、早投饵、早管理；清池不彻底不放苗、水质不适宜不放苗、幼体饵料生物繁殖不好不放苗、虾苗体长不足1厘米不放苗、寒潮来临前不放苗、大潮汛和阴雨天不放苗；放苗数量要准确。

试水

● 虾苗放养前最好要经过试水，确保池水质量没有问题。

● 取育苗池中水和要投放虾苗的池水各4~5千克，各放虾苗80~100尾，24小时后观察其成活情况，成活率在80%以上的说明水质无问题。成活率低的可能是池水有问题，或者是虾苗质量不好。如果原池中的虾苗也死亡严重，则可说明虾苗有问题。

● 也可放苗前2~3天，将1平方米的40目网箱放到虾池中央，放入虾苗50~100尾，2天后如果成活率在90%以上，说明池水合适，药性已消失，虾苗健壮，可以放苗，否则待查明原因试水正常后才可放苗。

温室设施水产安全养殖技术

放苗密度

● 根据养殖模式、虾池水深度、换水条件、增氧设施、虾苗大小、饲料供应、养殖的产量和规格、管理水平等情况综合考虑。

● 一般温室、大棚的放养密度大于常规养殖池。

● 一般土池放养密度为每亩放养6万～10万尾,有底部排污设施的地膜池或水泥池放养密度为每亩10万～20万尾。

虾苗入池

● 调节水温和盐度 南美白对虾的幼体对从高温向低温、从高盐向低盐突然转变的适应能力较弱,因此要提前调节水温和盐度,使育苗池水和养虾池水的温差不超过3摄氏度,盐度差不超过3。

● 虾苗入池 虾苗运回后,先将虾苗袋放进养虾池里,接着左手轻轻地翻动袋子,同时右手用瓢舀起池水均匀地"浇淋"袋子。稍后,将一大塑料盆置于养虾池水面上,并装进少许池水,然后打开虾苗袋口将虾苗慢慢地随水倒进盆子里,这时还要用瓢轻微地转动盆水。片刻,将盆子的一边慢慢地提起,让虾苗徐徐流入池水中。

虾苗下池完毕，应及时增氧。

● 放苗时间　放苗时间应选择晴朗无风的天气，最好是在早晨6：00—8：00或傍晚放苗。若在有风的天气放苗，应在池水较深的上风处放苗，切忌迎风放苗。

注意事项

◆ 池水溶解氧在4毫克/升以上，不能低于2毫克/升。放苗当天可少量进水或开动增氧机以增加溶解氧。

◆ 同一养殖池应放同一批孵化培育的虾苗，以便保持虾苗大小差异不大，而且一个养成池最好一次放足。

◆ 在投放虾苗之前最好对虾苗进行一次准确计数，这样可以准确掌握放苗量，为以后的饲养管理提供可靠的依据。

◆ 虾苗放入养成池后，观察有无死亡和异常现象。

◆ 虾苗入池前最好用含碘消毒剂或其他消毒剂消毒。

话题 6　虾苗的中间培育

虾苗的中间培育又称虾苗暂养或标粗，是将从育苗室购买的小虾苗培育成较大虾种（大苗）的过程。根据生产周转及地方习惯，南美白对虾一般是培育至体长2～3厘米。

虾苗中间培育的优缺点

1. 虾苗中间培育的优点

● 一般中间培育池的面积较小，便于彻底清池除害，精养细喂，使虾苗在一个良好的环境里度过生命脆弱的仔虾期，提高仔虾的成活率。

● 由于幼虾期的成活率较稳定，使养成期能较准确地掌握存虾数量，便于准确投饵。

● 可以集中投饵，提高仔虾期的饵料利用率。

● 由于减少了在养成池中的时间，从而减少了对养成池的污染，也可减少养成期间对虾的发病率。

2. 虾苗中间培育的缺点

● 由于中间培育虾苗密度较大，在此期间虾苗的生长速度慢于直接放养的虾苗。

● 虾苗倒池过程较为烦琐，并且分苗时的收苗、计数及搬运会对虾苗会有一定的伤害。

● 由于以上缺点，有许多单位放弃中间培育，采取直接放养虾苗养成的方法。

虾苗中间培育的方法

1. 虾苗的早期培育
- 可用温室培养早期虾苗,待室外养虾池水温适宜时再移入室外,由于大棚内水温高,促进了虾苗早期生长,有利于养殖大规格对虾。
- 也可用二茬养殖培育早批虾苗。为了充分发挥大棚的作用,还可在大棚内增设充气设施,连续充气,培养密度可以增大至每立方米放养虾苗1 000尾左右。
- 由于密度大,水交换量小,不宜长时间养殖大虾苗。

2. 虾苗的中间培育
- 虾苗的中间培育,由于放苗密度大,一般虾苗入池后开始投饵,以促进虾苗的快速生长。
- 南美白对虾的幼虾对饲料蛋白质的要求高于成虾,常用的饵料有蛋黄、粉碎的杂鱼虾肉、鱼虾粉及仔虾配合饲料等。
- 每天投饵6~8次,日投饵量(以鲜重计)为对虾体重的100%~150%。

3. 培育期的水质管理
- 加强水质管理,根据水质监测和池内生物组成情况及时调节水质。
- 通过换水、开增氧机、投放水质改良剂和光合细菌等,使池

温室设施水产安全养殖技术

水溶解氧保持在 4 毫克/升以上，透明度 25～40 厘米，水色为绿或黄绿色。

4. 收苗

● 经 20～30 天的培育，幼虾长至体长 3 厘米时应及时收虾、计数，再按不同规格放入养成池进行养殖，一般采用排水法收苗。

● 中间培育池出虾后应重新清池消毒，才可用于继续养虾。

话题 7 饲料投喂

饲料是对虾生存的物质基础，也是对虾养殖的主要投入，占养成总成本的 40%～60%，需要仔细核算饲养成本，因为养虾的目的是获取最佳经济效益，而不是取得最高单位产量。

南美白对虾饲料

南美白对虾是杂食性动物，其饲料类型包括以下三种：

1. 基础饵料

● **基础饲料定义** 基础饲料是指虾池中天然存在或经人工移植后大量繁殖起来的浮游植物和桡足类、卤虫、蓝蛤、拟沼螺、钩虾、短齿肌蛤、螺蠃蜑、沙蚕、线虫等。这些生物是虾池中的天然生产力，一般要经过人工繁殖。

● 基础饲料的作用　一是可为仔虾、幼虾提供优质天然饵料；二是作为虾池溶解氧的主要供应者；三是能吸收养殖水体中的氨氮、二氧化碳等有害物质，净化水质；四是提供对虾生长所需的维生素和不饱和脂肪酸；五是维持适宜的透明度，抑制致病菌的发生。

2. 鲜活饵料

● 鲜活饵料定义　鲜活饵料是指人工采捕的水域中天然生长的小型水生生物，包括小型贝类、杂鱼、杂虾、杂蟹及卤虫等。其中以卤虫的使用效果最好；其次为贝类，包括蓝蛤、短齿肌蛤、杂色蛤、四角蛤蜊、鸭嘴蛤、锥螺、螺蛳、河蚬等；杂鱼、杂蟹的利用率较低，且容易败坏水质，生产中不宜使用太多。

● 鲜活饵料特点　鲜活饵料营养全面，而且还含有多种生物活性物质。投喂鲜活饵料的关键是要新鲜，投喂前必须清洗、消毒，严禁投喂带病毒的鲜活饵料。虾池内移植饵料生物时，必须选择生长快、繁殖量大的种类。

3. 配合饲料

（1）配合饲料定义　配合饲料是根据对虾各个时期生长发育的需求，选用适当的原料进行合理配比，经过科学加工制作的饲料。

（2）配合饲料优点　适合对虾的营养需求，饵料系数低，水质污染轻，便于运输、保存和投喂。为满足防治虾病的需要，一些生产单位还在配合饲料中添加药物，起到了较好的防治效果。

（3）配合饲料选择　目前生产南美白对虾专用饲料的厂家很多，但饲料的质量问题都会对对虾养殖产生影响。所以在选择饲料时要慎重，可同时采用几个厂家的饲料，分别投入几个虾池进行比较，经过7～14天后便可根据对虾的生长情况确定饲料的优劣。

（4）优质配合饲料特点

● 营养丰富、蛋白质含量不低于40%，动物性蛋白质要多于植物性蛋白质；脂肪含量大于4.0%，粗纤维小于4%，粗灰分小于16%，水分小于12.5%，钙磷比在1∶1.7左右。

● 颗粒表面要光滑，无裂纹，颗粒大小均匀，粉末少，破碎料不得超过1%，且不含杂质，没有霉味。

● 具有新鲜芳香的鱼腥味，无怪味，诱食性好。

● 稳定性好，耐水性强，在25～30摄氏度的水中浸泡2～3小时不溃散，粉碎粒度要细，粉末粒度必须全部通过80目筛。

● 饲料系数为1.3～1.6。

饲料的选择

● 虾苗放养15～20天内选择投喂优质的饲料，如虾片、虾苗开口料等。如果虾苗在标粗池或围隔中暂养，可投喂丰年虫，强化虾苗的体质，提高成活率。

● 养殖过程中主要投喂人工配合饲料，饲料应选择信誉高、服务好、质量稳定的产品。

● 冬棚养殖由于水温偏低，可选择蛋白质含量稍高的饲料。在养殖过程中因水温低而肥水困难时，或者在养殖后期对虾临近上市的阶段，有条件的可适当投喂低值贝类等鲜活饵料，以达到催肥的效果。

 专家提醒

鲜活饵料投喂前要经过消毒剂的浸泡处理，而且当水质过肥时立即停止投喂。

 **饲料投喂**

根据对虾不同生长阶段的营养需求和当时的生活状态精确、科学地投喂饵料，使对虾吃饱、吃好，从而降低养虾成本，取得最佳经济效益。要做到合理投喂就要根据虾苗的密度、个体大小，对虾所处的生长阶段及生活、生理状态，饵料种类、质量，虾塘内基础饵料情况，天气、水温、水质条件等各种因素进行分析，适时调整投饵量。

1. 投饵位置

● 一般沿池边0.5米左右的浅水区可以作为投饵的场所，投饵场所应根据对虾的大小而改变,刚入池的虾苗30天内全池均匀投撒饲料,随着对虾的生长,养殖中后期逐渐沿四边投撒饲料。

● 根据虾池形状,设投饵区或投饵带,避免全池投撒饲料。设投饵区或投饵带后,可以保留进水一端1/3~1/2的地带不投饵,使池底不受污染,以利对虾栖息活动,也可作为对虾休息和缺氧时的避难场所。

2. 投喂次数和时间

● 根据季节、天气和虾体大小灵活掌握。

● 一般放苗后的仔虾阶段,每天投饵4次为宜,时间为6:00、11:00、18:00、23:00,各次投饵量分别占日投饵量的30%、20%、30%、20%;幼虾、成虾阶段,日投饵3次为宜,时间为5:00、19:00、23:00,各次投饵量分别占日投饵量的40%、45%、15%。

● 炎热天气10:00—18:00这段时间不宜投喂。

● 一般投饵最佳时间是在日落之后和日出之前,即每天的19:00和6:00。

● 一般白天的投饵量不应超过日投饵量的35%,夜间的投饵量不应低于日投饵量的65%。

3. 日投喂量的确定

投苗第二天饲料投喂量为每天500克/10万苗,投苗后每天适当递增饲料投喂量。当对虾可以摄食完饲料台上的饲料后,投喂量主要参考饲料观察台的摄食情况。

准确掌握投喂量,是饲料投喂中的关键技术,也是决定养虾成败和经济效益的主要因素,要准确地计算日投喂量,应从以下几个方面加以考虑。

(1)定期估测虾池中对虾的存活量

①不同时期虾池中对虾的存活量是确定日投喂量的重要基础,也是预测产量和效益的依据。

②虾池中对虾存活量估计过高和过低对养殖生产都不利。如果把存活量估计过高,投喂量会过大,不仅浪费了饵料而且残饵过多会污染水质,严重时甚至造成对虾死亡。如果估计过低,投饵不足,则导致对虾生长缓慢,抗病力降低。要准确估测虾池中对虾的存活量也是很困难的,因为对虾在池中的分布并不是很均匀的,总是集群活动而且并非一直停留在池中某一处,而是在不停地到处游动,所以目前尚未有一个最好的准确估算方法,现将各地多年来积累的经验估测方法加以介绍,仅供参考。

● 目测法 有经验的养虾人员,根据池中对虾的活动情况,可以大体估计出对虾的数量。放苗20天以后,长到3.0~4.5厘米,此阶段幼虾分布无明显集群现象,选择天气晴朗无风的上午,将池水排至50~60厘米深,下池趟水观察每平方米幼虾起跳数量,和放苗数量进行对照,就可以得出大致的数量,如果起跳数量很少,说明入池成活率很低,即需考虑将池水放干重新计数放养。另外在夜间,带灯沿池边观察顺水边游动的对虾数量,也可做出一个大致的估计。

● 拖网测定法 用一个网口2米宽的拖网从池中拖过去。在池塘一边放网,并由一人将拖网的一条长绳绕过池塘送到池子的对面,

然后一直把网拖过池塘。用网的宽乘以拖网的距离即得出采样面积。存活虾数按下列公式计算：

$$存活虾数 = \frac{拖网中的虾数}{采样面积} \times 池底面积$$

此法只适用于无沟滩之分的较平底虾池，对于长有"褐苔"或"绿苔"的虾池不能使用。另外此法很难在池角上采样。

● 旋网测定法　适用于养殖中、后期存活量的估测，此时对虾已有聚群习性，且多沿虾池四边分布，尤以四角为多。因此，撒网应在对角线和池两长边中央连续各取四网。事先通过在陆地上多次撒网，求出每次撒网网口的面积。可按下式计算出该池的对虾存活量。因网口面积随水深而收缩，网落地时间延长，对虾漏网的也增多，故也应随水深乘以经验系数。

$$全池对虾数（尾）= \frac{平均每网捕到的虾数（尾）}{旋网撒开的面积（平方米）} \times 虾池面积（平方米）\times K$$

其中 K 为经验系数，通常水深在1.2米以下，K 值为1.3；水深在1.3～1.5米，K 值为1.5；水深在1.5米以上，每增加10厘米，K 值增加0.1。

（2）计算实际日投饵量

● 根据估测的对虾尾数、平均体重、平均体长，参考对虾投饲率表计算出理论日投饵量，再根据摄食情况、天气情况确定当日投饵量。

● 常规配合饲料日投饲率为3%～5%，鲜杂鱼日投饲率为7%～10%。

（3）调节投饵量

①在每口池塘的3～4个不同位置设置饲料观察台，每次投喂饲料时在饲料观察台上投撒1%～2%的投饵量。投饲后，在一定时间内察看饲料观察台，以饲料台上饲料在规定时间内基本吃完为宜。察看饲料观察台的时间为：养殖前期在投饲后1.5～2小时，养殖中期在投饲后1～1.5小时，养殖后期在投饲后1小时。

②投饵后根据对虾实际摄食、生长情况及环境条件等来调节投饵量。

● 根据摄食速度进行调节　胃饱满程度通常分为四级：空胃——胃内完全没有食物；残胃——胃含物不足整个胃部25%；半胃——胃内食物占50%；饱胃——胃内充满食物，胃壁膨胀。如投喂后1.5小时有70%以上的对虾达半胃或饱胃，虾又没有群游觅食，说明投饵适量；如所投饲料很快摄食完，虾池内的对虾还大量群游，空胃、残胃超过30%时，说明投饵不足。反之，如有剩存饲料，说明投饵过量，应适当减少投饵量。

● 根据生长情况进行调节　一般来说，养虾前期对虾日平均增长0.13～0.16厘米，中期0.08～0.10厘米，后期0.06～0.08厘米。如达不到上述标准，虾体与水环境又无问题时，可能是由于投饵不足引起生长缓慢，应加大投饵量。

● 根据环境条件进行调节　实际投饵量要根据天气、温度、水质、施药等情况进行调节。环境条件较好时多投,环境条件较差时少投。

4. 投饵原则

一般应根据实际情况适时调整投饲量,有些情况下甚至要停止投饲。投饵的原则是:

- 腐败变质的饲料不投。
- 水质不好时少投,严重恶化时不投;对虾发病拌药饵时少投。
- 对虾蜕壳时不投,蜕壳后多投。
- 对虾暗浮头时少投,严重浮头时停投,解救浮头后多投。
- 天气不好时少投,暴风雨时停投;风和日丽、水质良好时多投。
- 残饵多时少投,无残饵时多投。
- 对虾生长前期少投,中、后期多投。
- 规格差异大时多投。

5. 投喂方法

- 虾片、开口料和0号饲料要加水搅拌后投喂,其他型号的饲料直接投撒。
- 投饲时,先向饲料台投2~3把,再沿池塘四周近岸区分散均匀投放,随虾体长大,向水深1米处投撒,注意避开增氧机区域。
- 投饲时要停开增氧机,1.5~2小时后再开。水质良好时,南美白对虾摄食60~70分钟呈饱胃或半胃状态。
- 如果有其他不良因素影响,对虾摄食时间会延长。通常每次观察对虾摄食时间为60~120分钟,若超过此时间仍有剩余饲料,说明投饲过多。

注意事项

在饲料投喂中，首先是禁止投喂不新鲜的动物性饲料和劣质配合饲料，以确保饲料质量；其次是准确掌握投饲量，既要考虑到生长速度及饱胃率，又要尽量减少残存饲料及粪便对池底的污染，以提高饲料的利用率和转换率。

话题 8 水 质 调 控

对虾养成期间应定期对养殖池池水和池底的理化因子和生物因子进行监测，变化较快的指标应每天监测。同时还应该参考当地的历史资料进行预测，以便提前做好调节水质的准备。

 **水质要求**

● 南美白对虾的适宜生长水温16～38摄氏度，最适水温23～32摄氏度。

● 适宜生长盐度5～35，最适盐度10～20。溶解氧要求在4毫克/升以上，不得低于2毫克/升。

● pH 值最适 8.0±0.3，若 pH 值低于 7，南美白对虾生长受影响。

● 化学耗氧量（BOD）一般应低于 6 毫克/升。透明度 20～40 厘米，过大、过小都不太好。

● 水色以绿色或红棕色为佳。硫化氢应低于 0.03 毫克/升，pH 值低时硫化氢毒性增大。氨氮低于 0.1 毫克/升，pH 值高和水温高时氨氮毒性大。

● 营养盐中的磷酸盐 0.1～0.3 毫克/升，硅酸盐 2.0 毫克/升，氮磷比大，有利于硅藻的繁殖生长。

盐度调节

● 南美白对虾是广盐性虾类，在养殖期间盐度保持在 10～20 生长最佳。

● 实践表明，放苗后 20～30 天把盐度降低到 10 左右，生长最快，生长 3 个月后可达到 25 克/尾左右。

● 体重增加最快的是盐度 13～15 时。如果长期养在高盐度的池水中，会影响对虾蜕壳，成长缓慢，养殖 4 个月以上才能达到 25 克/尾左右。养殖时间长，饲料消耗多，且底质、水质容易受污染，对虾易感染病害，成活率降低。但是如果能控制好放养密度、水质、残饵等条件，在高盐度饲养条件下，抗病力较强，养成的对虾体色较美，肉质较好。

● 南美白对虾养殖期间比较理想的盐度控制是：如果是养成三个月，第一个月和第三个月盐度为20左右，第二个月盐度为12～15，这样能促进对虾生长，后一个月提高盐度使虾的体色美观，肉质较结实，虾体较重。因此，养殖南美白对虾的场地如有条件应配备引淡水的设施，可以根据对虾生长的需要，调节池水盐度。

 pH值调节

● pH值可以作为池水品质的一种综合指标。

● 南美白对虾养殖池水最适pH值为8.0 ± 0.3，池水pH值降低会使对虾血液pH值下降，减少血液运输氧的功能，造成呼吸困难。因此，在溶解氧量较高时，也易引起对虾浮头甚至造成死亡。

● 控制池水的pH值在适宜范围内，主要是注意观察水色，控制藻类的繁殖数量，有机污染物要及时清除。

● 南方虾池潜在酸性土壤较多，尤其在雨后虾池经常反酸，或出现上下水层pH值差别大等现象，要加强换水并施石灰水调节。

● 当pH值过高时可用明矾调低。

 **透明度和水色**

● 透明度是虾池水中理化因子的综合反映，更与水中浮游生物种类和数量有关。较理想的透明度是养殖前期为25～40厘米，中后期为40～60厘米。

● 水色是由浮游生物的种类和数量决定的，良好的水色应是黄褐色、绿色，其他颜色均不理想，应加以改进。通过不断施肥来培养水色，使角毛藻、骨条藻等硅藻类和桡足类等有益生物始终保持种群优势。单细胞藻类不仅可为早期虾苗提供适口饵料，而且能吸收水体中过多的氨氮、亚硝态氮、二氧化碳等有害物质，减少其毒性，从而改善水质。水体中有一定量的浮游生物，会降低池水透明度，还可以起遮阴作用，减少对虾的应激反应，有利于减少能量消耗。

● 如果虾池水色澄清，南美白对虾有不安之感，而且青苔、红藻等会大量繁殖。如果有此情况，先采取抑制措施，如泼洒生石灰或硫酸铜等药物，再使用复合肥或鱼粉、鱼浆，促使浮游生物大量繁殖，迅速降低透明度。通常新池会有肥料不足、水质变清现象，旧池很少有此现象。若有此现象出现，可能是底质有机物质没有充分氧化，最好是清塘后施用部分有机肥料。

溶解氧控制

● 虾池环境氧气状况与对虾呼吸代谢的关系非常密切，对虾在水中对氧气的吸收和呼吸频率在极大程度上取决于水中含氧量的多少及其变化情况，虽然不少对虾在低氧和缺氧环境中具有一定的耐受力，但当水中氧气不足或完全缺氧时，都将带来严重的致命威胁，引起对虾大量死亡，这种现象常发生在夜间或黎明。

● 对水中溶解氧的控制是一个整体的综合调控。养虾池是一个小的人工生态系统，因此，应该对养殖池进行综合控制管理。养殖池最好全部安装增氧机，合理投喂优质饲料，改善水中微生物结构，改善水中浮游生物的群落与底质，改善水质环境，这样才能提高水中溶解氧含量，保持水质稳定。

氨和硫化氢的控制

● 氨氮的适宜含量　在对虾养殖期间，氨氮的含量不应超过0.5毫克/升。氨氮浓度较高的虾池，对虾容易大量死亡，即使在安全浓度范围内，对虾的生理功能也会受到明显影响，血细胞减少，溶菌和抗菌活力显著下降，容易发生虾病。

● 氨氮含量的控制　氨氮是池塘水质中对对虾有毒害作用、限制对虾生长的理化因子。池塘中的氨氮主要来自施肥和水生生物的体内氨代谢。尤其是在放养密度过大、池中饵料生物较多、投饲量大的池塘中，容易出现氨氮的积累而造成危害。在养殖期间，准确投饵和定期使用水质改良剂是避免氨氮积累的有效方法。

● 消除硫化氢　在对虾养殖期间要特别注意消除硫化氢，因为硫化氢的危害十分严重。池水中硫化氢的含量应控制在0.03毫克/升以下，池水中硫化氢的产生与虾池底质的氧化还原状态有关。底质呈还原状态时，有机硫化物及无机硫酸盐类受厌氧细菌还原作用而生成硫化氢；大量堆积在池底的残饵、尸体等有机物，腐败分解时会产生大量的硫化氢。要消除硫化氢的危害应做到：合理控制虾苗的放养密度，准确掌握投饵量，适当施用光合细菌，以减少池塘底的污染；注意改善底质，在养殖中期施放沸石粉或白云石粉（每亩施20～30千克），使池底的沉积物充分氧化分解，防止发生厌氧分解；使用高效优质饲料，减少水质污染，保持底质良好。

底质的改良

● 水质的突变主要是底质污染造成的，尤其在养虾中后期，由于养殖密度大，或使用劣质配合饲料，造成虾池内大量有机物沉积，在细菌等作用下腐烂分解，消耗大量氧气，产生大量硫化氢。

- 每隔 10 ~ 15 天使用一次底质改良剂，如沸石粉、白云石粉、生石灰、光合细菌、硝化细菌等。
- 生石灰的用量一般为 15 ~ 20 毫克/升，每隔 15 ~ 20 天全池泼洒一次；若用沸石粉（粒径 200 目），养殖中、后期每半月施一次，每亩施 40 千克。

合理使用增氧机

- 增氧机的功能不单是增加池水的溶解氧，促进有机物的分解，而且由于水的搅动，也有利于池内有机碎屑、残饵、粪便等污物的集中，增加对虾的停留、索饵时间，便于对虾均衡摄食。
- 一般放苗后 30 天内，坚持每个晴天中午开机 2 小时；养殖 30 ~ 60 天，可延长开机时间，最好在晴天中午和黎明前开机；养殖 60 天后，由于对虾总重量的增加，每天排泄的粪便过多，水体自身污染加重，基本上要全天开机。

换水、排污

- 换水是改善水质最有效的措施之一。由于温室、大棚内外水温相差较大，所以换水量很少。

● 养殖前期一般不换水，只是少量添加水，每天添水 3～5 厘米，直至水位达 1.6 米。

● 养殖中、后期，根据透明度及藻相、水色情况，如透明度低于 20 厘米或高于 80 厘米时，需酌情换水，采取少换缓换的方式，缓慢加到以前水位。

● 为了维持池塘水环境的稳定，一般不采用大排大灌法。土池一般不换水，可在水质差、藻相不良的时候添加部分新水。

● 饲养 30 天后，定期通过排污口或用潜水泵在池中央吸污，将其排除。

用生物净化

1. 添加有益微生物

● 在养殖过程中，定期使用芽孢杆菌等微生态制剂，从放苗开始施用芽孢杆菌，放苗后每隔 10～15 天施用一次微生态制剂，可以起到促进有益浮游植物稳定繁殖生长、削减水体富营养化、抑制有害菌生长和降低饲料系数的作用。

● 在水体出现浮游植物繁殖过量、氨氮过高、水质恶化和阴雨天气的情况下施用光合细菌。可以将光合细菌拌在饲料中作添加剂投喂，也可稀释后全池泼洒或均匀地拌入干燥的泥沙中，洒入池底污染较重的区域。

● 菌液浓度为 20 亿～30 亿个/毫升时，添加量为 5 毫升/立方米水体。当出现水质老化、溶解有机物多、亚硝酸盐高、pH 值过高等情况时，及时施用乳酸杆菌等微生态制剂。

2. 培养单细胞藻类

温室大棚内空气流通少，使用传统的叶轮式增氧机时增氧效率低于露天养殖，水体中的溶解氧主要来源于浮游植物的光合作用。因此，培养优良的浮游植物并保持其平稳是温室大棚养殖水质管理的关键环节。具体可采取以下措施：

（1）添加优良藻种

● 浮游植物正常繁殖的前提是水体中有一定浓度的藻种。如果水体中浮游植物的数量较少，可从藻种丰富的水源引入部分新水。

● 有条件的养殖场可从池水中分离优良藻种，然后分级扩大培养后直接添加到池塘中，以达到定向培育优良浮游植物的目的。

（2）添加水体营养

● 低温条件下池塘中有机物分解速度慢，需要经常添加配方合理的藻类营养素以保持水体营养的合适浓度。

● 在浮游植物繁殖不良时添加营养素可促进其繁殖，当恶劣天气来临时添加藻类营养素有利于维持池水中优良的藻相。

常见浮游植物营养素的种类及使用方法见表 6—2。

表6—2　常见浮游植物营养素的种类及使用方法

种类	特点	使用方法
有机肥	起效慢，需经微生物分解后方能为浮游植物吸收；肥效维持时间长，适合于底质干净的池塘使用	与芽孢杆菌、乳酸杆菌一起浸泡后取汁泼洒入池中
无机肥	起效快，能直接为浮游植物吸收；肥效维持时间短，适合于养殖中、后期底质有机物含量多时使用	与芽孢杆菌共同使用，直接溶水后泼洒
氨基酸肥	起效时间和效果维持时间介于有机肥和无机肥之间	直接泼洒，低温天气光照不强时也可使用

（3）消除浮游植物生长限制因子

● 当浮游植物无法正常培养时，可使用具有络合作用的有机酸或EDTA-2Na消除水体中可能存在的重金属离子或残留的药物。

● 偶尔由于水体存在一定浓度的溶藻弧菌而导致浮游植物生长受阻时，可使用消毒剂进行杀灭，但应避免使用消毒剂对对虾可能造成的影响。

话题 9 阶段管理

养成前期（对虾2~6厘米）

● 培养好基础饵料、保持池内生物群落的相对稳定是养成前期水质管理的重点,可根据水色和水中生物量的变化情况及时施肥和添水。

● 虾苗入池后的氮肥施用硝酸钠、硝酸钾或碳酸氢铵,每次使用量为1~2克/立方米水体,正常天气5~7天使用一次,阴雨天停用。

● 施肥时应选择晴天的上午,将提前用淡水化开搅匀的肥水均匀泼洒于池中。精养池可配合增氧机增氧。为便于阳光照射到池中促进基础饵料生物的生长繁殖,池水不宜太深,能保持合适的透明度和水温稳定即可。

● 精养池虾苗密度大,有增氧设施,水可以深一些,每天中午开机搅水,及时使高温、高溶解氧的上层水与低温、低溶解氧的下层水混合。

● 如果pH值超过9,可适当少量换水或使用化学药物加以调节,注意每次换水量保持在10%以内。

养成中期(对虾6~10厘米)

● 池中的基础饵料基本耗尽,随着投饵量的增加,水中有机质增多,随着水温的不断升高,浮游植物的繁殖非常旺盛,一些对虾不能摄食的浮游动物、原生动物也会发展起来,严重消耗池内溶解氧。

此时可向池中投放一些能够滤食有机碎屑的生物,如各种双壳贝类(如短肌蛤、兰蛤、鸭舌蛤、缨蛤、鸟蛤、缢蛏等)和食性温和、以小型浮游生物为食的小型鱼类(如黄鲫、梭鱼等)。

投放的种类可根据当地条件和苗种供应情况及经济价值来选择,投放的数量不宜太多,以免影响到浮游植物的正常密度。这一阶段要经常测定水中的溶解氧、氨氮、pH 值等。

● 根据水质情况,及时进行换水和增氧工作。发现赤潮生物大量繁殖的先兆(如夜光虫量大、个体大、活力强,轮虫量大、挂卵)时,应及时采取措施,先施加药物杀灭,然后换水。

养成后期(对虾 10 厘米以上)

● 对虾处于快速生长期,但水质条件变差会严重影响对虾的生长。这个阶段的水质管理难度很大,需要认真做好此项工作。

● 增氧机的开机时间每天应不低于 20 小时,并加大换水量,注意每次换水不宜过多,一般不超过 30%,以免破坏虾池水环境的稳定,造成对虾的应激反应,使对虾体质下降,导致虾病发生。

● 加强池水中硫化氢和池底有机质的监测,为降低池中氨氮和硫化氢的含量,可定期投放水质改良剂(如沸石、麦饭石、生石灰、钢渣等)及光合细菌、硝化细菌等微生态制剂。

话题 10 日常管理

巡池

● 每天坚持在黎明、上午、傍晚和午夜进行巡池。黎明是对虾易浮头的时间，也是一天中溶解氧最低、pH值最低、氨氮最高的时间，更应认真巡池。

● 如果池中水质有问题，池中的其他生物也会在池边活动。如果对虾在傍晚有异常情况，必须及时采取相应措施，否则进入夜间异常情况会更加严重。

● 对虾有在日出前和日落后沿着池边巡游觅食的习性，因此早晚巡池也是观察对虾活动和摄食情况的机会，需认真观察。

● 白天池水透明度高，可以观测水色、透明度和池底情况，水中的一些特殊气味或浮起物在水温最高的午后也易观察，若看到池底颜色变黑、水发臭，表明局部投喂的饲料太多，或水质已经开始变坏。发现虾池上空飞鸟增多，要检查是否有病虾、死虾出现。

● 午夜要特别注意观察对虾有无浮头现象。

生物学测定

● 每10～15天在每个池中捞取虾50～100尾进行一次生物学测定,内容包括体长、胃饱满程度、对虾健康情况,作为判断对虾生长情况、决定下一步管理工作的主要依据。

● 健康的对虾体色晶莹透亮,体色青灰色或亮白色,体表干净,无病灶,肌肉有透明感,有弹性,胃部饱满,肠中食物多,手握对虾时挣扎感加强,蜕皮正常。而体色、尾扇变红,身体弯曲,肠、胃内无食物等都是不健康的表现。

预测浮头

● 南美白对虾对低氧有较强的耐受能力,但在缺氧时也会发生浮头。

● 池水缺氧的预兆是:透明度小于30厘米或大于80厘米;浮游植物过度繁殖,尤其在连续晴天后的阴天会引起缺氧;水质腐败,水色白浊;鱼类、糠虾等发生浮头,螺类爬出水面;少数对虾白天在水面漫游无力、不安；池底黑色区域大，有臭味；夏季高温期、天气闷热无风或连续阴雨天。

● 出现下列情况表明对虾浮头或池水缺氧严重：全塘浮头；白天或傍晚、上半夜浮头；受惊动后对虾不下沉；眼和触角露出水面。

● 出现浮头，要及时开动增氧机，加水或换水。

预防疾病

对虾发生大规模疾病较鱼类常见，却没有特别有效的治疗方法，虽然南美白对虾有较强的抗病力，但是条件不适时也会发病，因此虾病预防工作非常关键，应遵循以防为主、无病先防、有病早治的原则。可采取以下预防措施：

● 投放健康虾苗，最好是无特定病原（SPF）虾苗。

● 认真做好放苗前池塘清整消毒工作，保证池底清洁。

● 保证蓄水池存水时间达到 2～3 天，必要时用漂白粉进行消毒处理。

● 因地制宜，科学放苗，控制合理放养密度。

● 投喂新鲜优质配合饲料，合理添加免疫多糖、维生素 C、微生态制剂等饲料添加剂，禁喂小杂鱼等鲜活饵料。

● 定期施水体消毒剂，如生石灰、二氧化氯等。每 15～20 天泼洒一次生石灰，尤其要在降雨后或水色异常时及时施用。

● 经常施用光合细菌、芽孢杆菌等微生态制剂，保持水质稳定。泼洒微生态制剂后，10天内不要换水或施用消毒剂。

● 严格控制在虾池中使用药物，对虾病情况要勤观察，根据需要选用合适的药物。

● 及时杀灭、清除虾池中的有害动、植物，保持水环境的清洁。

话题 11　对虾收获和运输

 对虾收获

● 南美白对虾耐干能力较强，适合活虾销售。

● 可根据市场需求分批分期出虾。分批出虾时可采用在虾池中设置一定网目的陷阱网的方式，允许规格较小的虾从网孔逃出。这样可以做到捕大留小，获得较好的经济效益。

● 一旦对虾普遍达到了商品体长，或出现不利于继续养殖的情况（如水温降低、虾病发生、水质变劣、生长停滞等），应及时采取锥形网排水收虾的方式，尽可能地将虾一次性收获完毕。

 活虾运输

● 活虾运输采用充气法，用汽车运输。如4吨货车可放8个活虾桶，每个桶长90厘米、宽60厘米、深100厘米，用合成木板制成，上顶有盖，每个活虾桶可装8～10个活虾筛，筛框用木制成盒形，大小与桶的规格相符合，框用网目0.5～1.0厘米的网片做上下底，高20厘米左右。

● 每辆活虾运输车要配备充气机2台，每个虾桶放2～3个散气石。配备一台小型汽油水泵，供抽换水时使用。

● 装虾时，每个虾筛可装活虾10～15千克，每辆4吨汽车一次可运活虾500～800千克。

● 一般运输十几个小时，对虾成活率可达90%以上。高温季节运输时，在桶里放进少量冰块降温，可提高对虾运输成活率。

话题 12 南美白对虾的淡化养殖

南美白对虾的淡化养殖就是在纯淡水的池塘中加入一定数量的浓缩海水或海水晶、农用盐，使池水盐度在1～3。淡化养殖的关键是虾苗的淡化，其他管理措施与海水养虾大致相同。

 虾苗淡化

1. 在育苗场淡化

● 南美白对虾虾苗大多是供应海水养殖户，因而育苗水盐度较高，即使在育苗场淡化，但由于受时间及损耗的影响，淡化在短时间内进行，这样的虾苗进行淡化养殖的效果往往也不理想。

● 淡化养殖是迫使南美白对虾逐渐适应淡水生活的一个过程。因为淡化时间过短、日淡化幅度过大，虾苗遭受的应激程度也就加大，最终还是影响虾苗的成活率。因此，南美白对虾虾苗淡化切忌拔苗助长，淡化过程越长，日淡化幅度越小，虾苗成活率越高。

● 淡化过程是一个循序渐进的过程，以每日1～3的淡化幅度为宜。在淡化过程中南美白对虾在盐度由5向1的过渡过程中死亡率很高，所以养殖户在选购淡化苗时，一定要选择盐度淡化到1～3，且稳定3天以上的虾苗用于养殖。

● 在南美白对虾蚤状幼体期池水盐度不应低于25，糠虾期不应低于20，仔虾期以后才可以逐渐淡化。

2. 在养虾场淡化

● 养虾场由于某种原因，购进了没经淡化或淡化程度不够的虾苗，可利用本场水泥池或其他小池，甚至较大的容器作为虾苗淡化池。

● 淡化池应提前进行清洗、消毒，并加入与虾苗淡化程度一致的海水，虾苗运到后轻轻倒入淡化池中，用氧气瓶直接通过散气石向水中充氧或利用充气机通过散气石向水中充气，然后慢慢向淡化池中加入经过滤的清新淡水，使淡化池中的海水浓度不断降低，淡化速度与育苗场淡化相一致，一直淡化到与养虾池池水盐度一致。

池塘准备

1. 清整池塘
老池塘应彻底清淤，充分暴晒，并用生石灰消毒。

2. 加入浓缩海水或农用盐
● 浓缩海水最好在每年的 1—2 月加入，因为此时是全年水温最低的季节，海水中病原微生物相对较少。放苗前 5~7 天用漂白粉消毒，然后加淡水把池塘的盐度调至 1~3。

● 如果用农用盐，先进水 50~60 厘米，每亩可加农用盐 600~1 000 千克，同时配合施用一定量的 $NaHCO_3$、$NaOH$、KNO_3、$CaHPO_4$ 等，溶解后全池泼洒，使池水盐度为 1~3。

3. 施肥、培养基础饵料生物
放苗前 7 天左右，每亩施腐熟的粪肥 100~300 千克，也可结合施用尿素、过磷酸钙等，施肥量要根据虾池底质的肥瘦来灵活掌握。

虾苗放养和饲料投喂

● 放养时间　放养时间要求水温在 20 摄氏度以上，最好选择无特定病毒（SPF）虾苗，要求体质健壮，体长在 0.8～1.0 厘米以上，规格一致，根据池塘条件和管理条件决定放养密度，一般每亩放养 8 万～15 万尾。

● 饲料投喂　虾苗入池后前 10 天，主要以池塘内的基础饵料生物为食，辅以泼洒煮熟的豆浆和蛋黄，以后改为南美白对虾全价配合饲料。日投喂 4～6 次，以早晚为多，投饲量以投喂 1.5～2 小时后无残饵为宜。定期在饲料中添加免疫多糖、维生素 C、维生素 E、大蒜素、抗生素、微生态制剂等，以增强对虾的抗病能力，预防虾病的发生。

水质管理

● 整个养殖过程一般不换水或少换水，根据水质状况可以适量加入一些新水，保持水深 1.5～2 米，池水盐度应保持在 1 以上，必要时适量加入一些盐（溶解后全池泼洒）。

● 池水的 pH 值一般控制在 7.7 ~ 8.8，pH 值用生石灰调节。池水要保持新鲜，透明度保持在 25 ~ 40 厘米。

● 每个池塘配增氧机 1 ~ 2 个，坚持每个晴天中午开机 2 ~ 3 小时，使池水溶解氧保持在 4 毫克/升以上。

 **日常管理**

● 每天坚持早、中、晚巡塘，观察池水的变化情况，检查对虾摄食、活动、生长、蜕壳情况。

● 每 10 ~ 15 天测定一次虾的生长情况，根据生长情况及时调节投饲量和改进管理措施，及时清除虾池中的有害生物。

第七讲　温室设施养殖水产动物病害防治

在水产动物病害防治工作中,坚持以防为主,在预防措施上,既要注意消灭病原、切断传播途径,又要十分重视改善生态环境,提高养殖鱼类的抗病力,只有采取全面的综合防病措施,才能减少或避免疾病的发生。

话题 1　病害的综合防治技术

保证良好的养殖环境

● **设计和建造养殖场时应符合防病要求**　在建场前应首先对场址的地质、水文、水质、生物及社会条件等方面进行综合调查,在各方面都符合养殖要求时才能建场。尤其是水源一定要充足,水的理化性状要适合养殖对象的生长,不被污染。

● **采用理化方法改善生态环境**　每年清除池底过多的淤泥;定期换水或加注新水,保持水质清新;在主要生长季节晴天的中午,开增氧机或水质改良机。

● 采用生物方法改善生态环境　定期泼洒水质改良剂或底质改良剂，如光合细菌、芽孢杆菌等，改善水质和底质。

控制和消灭病原体

● 彻底清池　养殖池在放养前要进行彻底清池，水泥池在使用前进行彻底洗刷，清除池底和池壁污物后，再用高锰酸钾或漂白粉等含氯消毒剂溶液消毒，对土池要将淤泥尽可能挖掉，放苗前再用药物消毒。

● 鱼体消毒　苗种放养前用高锰酸钾、硫酸铜、聚维酮碘进行鱼体消毒。若能针对病原体的不同种类，选择适当方法进行消毒处理，能取得较好的效果。

● 饲料消毒　鲜活饵料用水冲洗干净后，加一定浓度的抗菌素消毒 0.5 小时后投喂。

● 工具消毒　养殖的各种工具，在使用前后用硫酸铜、高锰酸钾、福尔马林等药物进行消毒，避免将病原体从一个池带入另一个池。

● 食场消毒　每天捞除剩饵及清洗食场外，在疾病流行季节，定期在食场周围遍撒漂白粉或硫酸铜、敌百虫进行杀菌、杀虫。

● 疾病流行季节前的药物预防　在食场周围挂药袋或药篓，形成一消毒区，利用水产动物来食场摄食时反复通过数次，达到预防目的。也可以将药物拌在饲料中制成颗粒药饲投喂。

加强饲养管理

● 放养健壮的鱼苗和适当的密度　放养的种苗应体色正常，健壮活泼，应根据池塘条件、水质和饵料状况、饲养管理水平等，决定适当密度，切勿过密。

● 保证饵料的营养和质量　加强饵料的营养强化，确保饵料的质量，饵料应质优量适。

● 优化环境，禁止过度的环境刺激（光照、水温、振动等）减少大量换水、阴天、低气压、暴雨、浮游植物大量死亡、盐度及pH值剧变、高水温、氨氮及硫化氢含量过高等对水产动物的影响。

● 操作要细心　在对养殖鱼捕捞、搬运及日常饲养管理过程中应细心操作，不要使鱼体受伤。

免疫预防

及时给养殖的水产动物进行免疫接种，疫苗的接种方法有注射法、喷雾法、浸洗法、口服法、真空浸入法等。

话题 2　主要病害的防治技术

病毒性疾病

1. 痘疮病（淋巴囊肿病毒症）

（1）症状

● 由鱼感染疱疹病毒所致。

● 发病初期，病鱼的皮肤表面出现许多小的乳白色斑点，上面覆盖一层白色块状黏液。随着病情的发展，这些白色斑点的数目逐渐增多，区域扩大，患病部位的表皮逐渐增厚，形成石蜡状的"增生物"，表面组织由柔软变成软骨状的结缔组织。这些"增生物"增长到一定程度后，会自动脱落，接着又在原位置重新出现新的"增生物"。这些"增生物"如果占了鱼体表面积的大部分，就会严重地影响鱼的正常生长，使鱼体消瘦，游动迟缓，甚至死亡。若"增生物"不多，对鱼影响不大。

（2）流行情况　在池塘养殖中主要危害越冬前后的 2 龄鱼，通常在秋季至初冬和春季，水温在 10～15 摄氏度时出现。

（3）防治方法

● 让受侵害的鱼生活在干净、健康的环境里，8～12周以后症状自然消失。症状也可能再次出现，但是真正健康的鱼身上几乎不可能复发。

● 每立方米水体用0.4～1克红霉素全池泼洒，对治疗痘疮病有一定的效果。

● 鱼体摄食后，在饲料中添加饲料量0.2%的超浓缩光合细菌和0.3%的高稳易还原维生素C，以提高鱼体的免疫力。

2. 鲤鱼病毒血症

（1）症状

● 由鱼感染鲤弹状病毒所致。

● 病鱼无目的地漂游，体黑眼突，皮肤和鳃渗血，腹部肿大，有腹水，肛门红肿，内脏器官出血明显，无外部溃疡及其他细菌病症状。

（2）流行情况　危害较多的是鲤鱼，发病于春季，水温13～22摄氏度的环境下，病发后大量死亡，死亡率高。

（3）防治方法

● 检出后全面扑杀，同池其他养殖对象在隔离场或其他指定地点隔离观察。

● 养殖场所用二氯异氰脲酸钠或二氧化氯等全面消毒。

● 药浴预防，用含碘量100毫克/升的碘伏洗浴20分钟。

● 治疗时注射鲤春病毒疫苗，并合理控制养殖密度，使用水质改良剂，保持良好的养殖环境。

3. 对虾白斑综合征

(1) 症状

● 发病前期虾须、尾扇发红，身体消瘦，摄食尚可，体表无其他异常。病虾漫游于水面，或伏在池边、池底不动，不久便死亡。

● 发病初期可在头胸甲上见到针尖样大小白色斑点。病情严重的虾体较软，白色斑点扩大甚至连成片状。严重者全身都有白斑，有部分虾伴肌肉发白。

● 发病后期，大多数病虾残胃或空胃，头胸甲向外张开（鳃丝肿胀所致）且极易剥离，甲壳与附肢上出现明显的白色斑纹，游泳缓慢无力，不久便死亡。

(2) 流行情况

● 一般虾池发病后2～3天，最多不超过7天可使全池虾死亡。病虾小者体长4厘米，大者7厘米以上。

● 主要是水平传播，经口感染，病虾把带毒的粪便排入水体中，污染了水体或饵料，健康的虾吞食后也被感染，或健康的虾吞食病虾、死虾后感染，或使用发病池塘排出的污水而感染等。

● 发病一般在17～18摄氏度、连续阴雨天时。

(3) 防治方法

● 做好养殖池塘的清淤、消毒及水质管理工作，选择健康无病毒的虾池进行放养。饲养管理过程中要注意水质及各种理化因子的变化，保持水体的相对稳定，并且投喂营养全面的颗粒饲料。

● 发病虾池首先采用高能氧全池泼洒，其用量为0.1~0.2毫克/升，2小时后采用强克101进行全池泼洒，其用量为0.2毫克/升，第二天再次泼洒强克101，用量同前，第三天泼洒二溴海因，其用量为0.2毫克/升（注意：每次泼洒消毒剂需开动增氧机，尤其是泼洒强克101后更须如此）。第六天起全池泼洒益水宝，用量为0.5毫克/升，在外用药物的同时，在饲料中添加部分药品及添加剂，通常每千克饲料添加中鱼尼考1.5克、维生素C 2克、免疫多糖4克、水产用利巴韦林0.5克及生物酶2克，连续投喂5~7天。

4. 鳖病毒性出血病

（1）症状

● 患病鳖身体浮肿，背甲和腹甲有点状或斑状出血，尤以腹甲更为明显。

● 通常颈部肿胀，但是充血现象很少，发病严重时，口和鼻有流血现象；患病鳖一般行动迟钝，常爬至岸边引颈似作呼吸，食欲减弱或完全停止摄食，很快死亡。

（2）流行情况

● 出血病危害各种年龄的养殖鳖，其中，以稚鳖的死亡率最高。

● 该病流行于我国长江流域和东南沿海一带。

● 发病季节为5—9月。

（3）防治方法

● 发现病鳖后，立即进行隔离治疗，死鳖深埋。

● 换水或改良水质，使池水pH值保持在7.2以上，溶解氧保持在 3～4 毫克/升。

● 发病后，第 1 天用浓度为 10 毫克/升的漂白粉，第 2 天用浓度为 40 毫克/升的生石灰，第 3 天用浓度为 10 毫克/升的高锰酸钾联合对水体进行消毒。

● 参考治疗鱼出血病的方法，选用磺胺、抗生素及中草药进行治疗。

5. 鳖白板病

（1）症状

● 患病的鳖体既无红斑出血，也无粗脖烂皮，因此常常被忽视，造成误诊。但只要发现有鳖反应迟钝，行动缓慢，不摄食，就应仔细检查。

● 患病鳖体型较厚，体表完好无损，只是背甲发黑，肋骨及两肺叶所在部位轮廓较清晰，腹甲苍白，无一丝血色，呈极度贫血状态，故名"白板病"。

（2）流行情况

● 该病主要危害 100～500 克以上的鳖，尤其对 250 克左右的鳖危害较大，发病突然，传染性极强，初期发病征兆不明显，等到严重时会突然从水底成批浮起死亡，发病率可达 70%～80%，死亡率可达 30%。

● 发病季节主要集中在 5—6 月。

（3）防治方法

● 养殖池放养前要彻底消毒，特别是池底有泥沙或淤泥的池子，

设施农业实用技术知识普及丛书
SHESHI NONGYE SHIYONG JISHU ZHISHI PUJI CONGSHU

一定要翻动冲洗,最好先用高锰酸钾溶液浸泡。室外土池要放干水,彻底翻晒,或用生石灰或漂白粉消毒后,再暴晒。鳖入池前要严格检疫,剔除病鳖隔离观察。注意保持水质良好,经常换水,定期进行水体消毒。发病期,最好彻底清理一次池塘,作一次消毒处理,剔除病鳖隔离治疗或销毁,再采取一些辅助治疗措施。

● 发病鳖用复方新诺明拌饵投喂,6天一疗程,剂量为第1天0.2克/千克鳖重,2～6天减半。拌饵同时,全池遍洒福尔马林20克/立方米水体;或遍洒大黄硫酸铜合剂(每立方米水体称1.5克大黄,用20倍大黄量的0.3%的氨水浸泡12小时,然后用0.7克/立方米的硫酸铜一起泼洒)。

● 庆大霉素拌饵投喂,剂量每千克体重10万国际单位,连用3天,如停止死亡,需再用3天,以巩固疗效。

细菌性疾病

1. 细菌性赤皮病

(1) 症状

● 荧光极毛杆菌入侵鱼体,病灶周围鳞片松动,充血发炎,以腹部两侧最为明显,鳃盖中部色素消退。

● 背鳍或全部鳍基充血,鳍条末端腐烂,严重的烂去一端,鳍间组织被严重破坏,整个鳍呈破烂的扇状,呈典型的蛀鳍。鱼体受伤后，易生此病。

（2）防治方法

● 在捕捞、搬运和放养时小心操作，防止鱼体损伤。

● 放养前用3%～5%的食盐水或50克/立方米的PV碘浸洗消毒5～10分钟。

● 发病时用0.5克/立方米的二氧化氯全池泼洒，连用3天。

2. 细菌性烂鳃病

（1）症状

● 此病是鱼类越冬过程中的高发病，病鱼体色发黑，游动缓慢，对外界刺激的反应迟钝，呼吸困难，食欲减退。

● 病情严重时，离群独游水面，不吃食，对外界刺激失去反应。

（2）防治方法

● 用漂白粉、二氧化氯、聚维酮碘等消毒液全池泼洒。

● 同时用鱼病康、大蒜素和维生素C拌料投喂5～7天。

3. 鱼白头白嘴病

（1）症状

● 发病时，病鱼的额部和嘴部周围的细胞坏死，色素消失而呈现乳白色，病变部位发生溃烂，有时带有灰白色绒毛状物，因而呈现"白头白嘴"症状。

● 在水面游动的病鱼，症状尤为明显。当病鱼离水后，症状不显著。严重的病鱼，病灶部位发生溃烂，个别病鱼头部出现充血现象，有时还表现出白皮、白尾、烂尾、烂鳃或全身多黏液等病变反应。

- 病鱼一般体瘦、发黑，呼吸加快，食欲不振，游动缓慢，不断地浮出水面，不久即死亡。

（2）流行情况
- 此病是一种暴发性疾病，发病极快，传染迅速，一日之间可全部死亡。
- 此病流行季节性比较明显，一般在5月下旬至7月上旬，6月为发病高峰。

（3）防治方法
- 防治时可用1克/立方米漂白粉洒入鱼池做消毒处理。
- 或用0.5~0.7克/立方米西力生（含2.5%氯化乙基）泼洒，效果都很好。

4. 鳖出血性肠炎

（1）症状
- 感染嗜水气单胞菌所致。
- 病鳖精神不振，对外界刺激反应迟钝，不摄食；体表完好，无斑点、无溃疡，后期因大量失血而底板呈白色。

（2）流行情况
- 全国各地都有发生，几乎与白底板病同时流行，主要危害成鳖、亲鳖和体重100~200克的幼鳖。
- 发病率在40%以上，水温25~30摄氏度是发病高峰期，20摄氏度以下及30摄氏度以上发病较少，同时与投喂饲料的质量及饲养管理好坏等有关。

（3）防治方法

● 清除池底过多淤泥，并进行消毒。池水用 50～80 克/立方米的生石灰调 pH 值至 8.0，每隔三天水体用 0.4 克/立方米杀菌王泼洒消毒。

● 每月投喂大蒜素药饵 2 次，每次 3 天，进行预防。

5. 鳖腐皮病

（1）症状

● 患病鳖的四肢、颈部、尾部及甲壳边缘部的皮肤发生糜烂。

● 皮肤组织变白或变黄，患部不久便坏死，产生溃疡。

● 病情进一步发展时，颈部的肌肉、骨骼和四肢的骨骼外露，爪脱落。

● 皮肤腐烂达到颈部骨骼露出时多数死亡。

（2）流行情况

● 此病在鳖的生长季节均可发生，特别是人工控温养鳖场，随着放养密度的增加，鳖相互咬伤后，细菌继发感染所致。

● 因患腐皮病而死亡的鳖并不太多，多数仍能长期生存，患部也会自然痊愈。腐皮病若得不到有效控制，还能导致疖疮、穿孔等并发病的发生。

（3）防治方法

● 稚鳖、幼鳖放养密度保持在每立方米水体 50 只以下或 2.5 千克以内，严格控制养殖密度。

● 保持池水清洁，每周每立方米水体用生石灰 20～50 克全池泼洒可起到预防作用。

- 发病季节前投喂磺胺脒药饵，每千克鳖用药0.2克，第2~6天药量减半。

6. 对虾红腿病

（1）症状

- 由弧菌感染造成。病虾一般在池边缓慢游动，有时表现为离群独游，行动呆滞，不能控制行动方向，或在水面打转，有的在池边爬行，重者倒伏在池边，厌食或不摄食，附肢变红，特别是游泳足变红。

- 头胸甲鳃丝多呈黄色。发病2~4小时后病虾开始死亡，死亡率高达90%。

（2）流行情况

- 主要危害多种养殖的虾类。

- 发病季节为7—10月。在广东、广西、海南和福建7月下旬至10月中、下旬也可大批发病引起死亡。

- 此病的感染率和死亡率相当高，是对虾养殖中危害严重的一种细菌性疾病。

（3）防治方法

- 放养虾苗前应彻底清淤消毒，淤泥要运送到远离虾池的地方；常用消毒剂有生石灰（每亩用120~150千克）或漂白粉（每亩用25千克）。

- 进入高温季节前应提高池塘水位，保持良好的水质和水色。

- 南方呈酸性或底质出现污浊的虾池，在 7～10 天内泼洒生石灰，每亩用 5～15 千克。
- 流行病季节定期（每月 2～3 次）适量泼洒漂白粉或其他含氯消毒剂。

7. 对虾烂鳃病

（1）症状

- 感染弧菌或气单胞杆菌感染所致。
- 鳃丝呈灰色，肿胀变脆，然后从尖端基部溃烂，溃烂坏死的部分发生皱缩或脱落。
- 病虾浮于水面，游动缓慢，反应迟钝，厌食，最后死亡。

（2）流行情况

- 发病季节为 7—9 月高温期。
- 主要发生于池底或水质污浊的虾池，我国沿海养虾地区均有发生。

（3）防治方法

- 外用杀菌消毒制剂全池泼洒。可选用含氯制剂、季铵盐类制剂按用量进行全池泼洒，连续使用 2～3 次。
- 内服抗生素和抗菌素，按照一定的比例添加到饲料中投喂，连续投喂 4～5 天。
- 结合使用水质改良剂和底质改良剂净化水质，调节水质理化指标，创造良好的水体环境。

 **真菌性疾病**

1. 水霉病

（1）症状　该病是鱼越冬期间的常见病。水霉菌因鱼体的损伤，鳞片脱落，从伤口处侵入，大量繁殖，形成肉眼可见的白色棉絮状菌丝，刺激鱼体表黏液分泌增加，病鱼焦躁不安，严重时游动缓慢，食欲不振或不摄食，病鱼消瘦而死。

（2）流行情况　流行水温13～18摄氏度，水温达到25摄氏度以上时，较少发病。

（3）防治方法

● 越冬池严格消毒后放鱼，以杀灭池中病原体。在捕捞放养操作时，尽量避免鱼体受伤。

● 入池前用3%～5%的食盐水溶液浸洗鱼体10～15分钟，杀灭鱼体所带的病原体。

● 保持水温20摄氏度以上，发病后升温至25摄氏度以上并保持一周左右时间。

● 全池泼洒0.5克/立方米的二氧化氯，连用2天。

● 全池泼洒水霉净，连续2次，同时投喂氟苯尼考制成的药饵，连喂5天。

2. 鳃霉病

（1）症状

● 为鳃霉菌感染所致。病鱼的鲜红鳃丝变成粉红色或苍白色，显示出严重的贫血状态，有时有点状充血或出血现象。

● 随着病情的发展，呼吸机能严重受到阻碍，以致引起病鱼死亡。病程往往表现为急性型。

● 当开始发病时，发现少数鱼死亡，但到第2～3天，会突然出现大批死亡。

（2）流行情况　当水质不清洁时，有机质过多而使水体变质时，最适宜鳃霉的大量繁殖。

（3）防治方法　鳃霉病尚无较好的治疗办法，主要靠平时注意做好预防工作，保持水质的洁净和用水的预先消毒。治疗方法可以参照水霉病的治疗方法。

寄生虫疾病

1. 小瓜虫病

（1）症状

● 小瓜虫寄生或侵入鱼体而致，在病鱼的鳃部、体表，尤其背部形成许多肉眼可见的小白点。

● 病鱼受虫体寄生刺激分泌大量黏液，小白点为虫体刺激鱼上皮细胞分泌而成的囊泡。

● 严重感染时，形成一层白色的薄膜覆盖于病灶表面，同时病灶处出现腐烂。

● 大量虫体寄生于鳃丝时，鳃表面黏液大量增生，鳃丝端部贫血，受细菌感染而发生烂鳃，易并发细菌感染。

● 虫体侵入鱼眼角膜，使鱼眼发炎、变瞎。

● 病鱼体弱消瘦，游动迟缓，浮于水面，有时集群绕池游动。

（2）流行情况　流行水温一般在15～25摄氏度，从苗种至成鱼均可发生。该病流行广，危害大。

（3）防治方法

● 放养前必须用生石灰清塘消毒，杀灭病原体。

● 合理掌握越冬密度，放养时进行鱼体消毒，防止小瓜虫传播。

● 发病时用1～3克/立方米的亚甲基蓝全池泼洒。用3.5%的食盐水和1.5%的硫酸镁溶液浸洗15分钟。

2. 车轮虫病

（1）症状

● 池中有机质含量高，造成车轮虫大量繁殖生长，致使鱼鳃、皮肤、鳍被车轮虫大量寄生，有一层白翳附着，在水中观察尤为明显。

● 鳃受刺激黏液分泌多，鳃丝肿胀，嘴中充满黏液，闭合困难，影响呼吸。

● 病鱼体色发黑，鱼体消瘦，烦躁不安，呈跑马现象。

（2）防治方法

● 彻底清塘消毒，放鱼时用2%～3%的食盐水浸洗鱼体15～

设施农业实用技术知识普及丛书
SHESHI NONGYE SHIYONG JISHU ZHISHI PUJI CONGSHU

223

20 分钟。

- 发病时全池泼洒 0.7 克/立方米的硫酸铜和硫酸亚铁合剂（5：2），严重时连续泼洒 2～3 遍，加大换水量，并连续投喂 3～5 天的药饵。
- 用 15～20 克/立方米福尔马林全池泼洒。

3. 斜管虫病

（1）症状

- 斜管虫寄生于鱼鳃及皮肤上而致病，表皮组织因受刺激而分泌大量黏液，同时组织被破坏，严重影响鱼的呼吸，漂游于水面。
- 病灶处呈苍白色，病鱼消瘦发黑。流行水温 12～18 摄氏度。

（2）防治方法

- 保持水温在 20 摄氏度以上，一般不会流行此病。
- 用 3%～4% 的食盐溶液或 8 克/立方米的硫酸铜溶液浸浴病鱼 20～30 分钟。
- 全池泼洒 0.7 克/立方米的硫酸铜和硫酸亚铁合剂（5：2）。

4. 虾、蟹固着类纤毛虫病

（1）症状

- 虾类（如南美白对虾、罗氏沼虾、青虾等）被固着类纤毛虫附着时，虾体外观呈黑色，体表有灰黑色绒毛。当大量虫体寄生在虾体、鳃、附肢时，轻者病虾活动能力下降，不摄食、不蜕壳，生长缓慢，影响鳃的呼吸，重则与细菌性疾病并发，引起虾的死亡；成虾感染寄生虫后体表粗糙，体色不正常，影响销售价格。

● 河蟹被固着类纤毛虫附着时，除复眼、口器外，病蟹的鳃部、头胸部、腹部和四对步足都有大量纤毛虫附生，仅有少数河蟹为局部少量寄生。被纤毛虫附生后的河蟹体表污物较多，活动及摄食能力明显减弱。

（2）流行情况　主要发生在水质不洁、含有机质多的水体中，虾的越冬、育苗、养成中各阶段均可发生。

（3）防治方法

● 有条件的先换注新水，然后遍撒福尔马林，每立方米水体用25克，第3天遍撒三氯异氰脲酸（也可用季铵盐类消毒剂），每立方米水体用0.2克。

● 每立方米水体用甲壳净0.2克，或每立方米水体用杀灭海因0.4~0.6克，全池泼洒，病情严重时连用2次，有较好的疗效。

● 每立方米水体用福尔马林10~25克，或用新洁尔灭10~25克，或用硫酸锌3克，全池泼洒。

● 每立方米水体用高锰酸钾20克药浴，连用3天。

非生物引起的疾病

1. 病因

● 营养性疾病，长期投喂低蛋白、高脂肪、高糖类和缺少维生素、矿物质的饲料，导致正常生理代谢失调，肝细胞坏死。病鱼出现生长

温室设施水产安全养殖技术
WENSHI SHESHI SHUICHAN ANQUAN YANGZHI JISHU

缓慢、突眼、腹水、畸形等现象。

● 投喂变质或霉菌感染的饲料,对鱼体产生毒害作用,造成肝脏与肾脂肪变性、肿大、内脏糜烂。

● 养殖密度过大,换水不足或长期不换水,使池中亚硝酸盐含量过高,乃至中毒,并导致抗病力下降,易被细菌感染致病。

2. 防治方法

● 投喂鱼越冬专用饲料或改善饲料配方,将饲料存放在干燥、通风的地方,避免受潮霉变,不投喂变质饲料。

● 每天投喂新鲜的菜叶类,补充维生素。

● 越冬鱼池经常换水、排污,保持池水清新,并合理投喂饲料,掌握适宜的越冬密度。

● 投喂防治肝胆肾综合征的药饵,连喂5～7天。

3. 常用渔药使用方法

常用渔药的使用方法见表7—1。

表7—1　　　　　常用渔药的使用方法

渔药名称	用途	用法与用量	注意事项
氧化钙（生石灰）	用于改善池塘环境,清除敌害生物及预防部分细菌性疾病	带水清塘:200～250毫克/升(虾类:350～400毫克/升);全池泼洒:20～25毫克/升(虾类:15～30毫克/升)	不能与漂白粉、有机氯、重金属盐、有机络合物混用
漂白粉	用于清塘、改善池塘环境及防治细菌性皮肤病、烂鳃病、出血病	带水清塘:20毫克/升;全池泼洒:1.0～1.5毫克/升	勿用金属容器盛装;勿与酸、铵盐、生石灰混用

续表

渔药名称	用途	用法与用量	注意事项
二氯异氰脲酸钠	用于清塘及防治细菌性皮肤溃疡病、烂鳃病、出血病	全池泼洒:0.3~0.6毫克/升	勿用金属容器盛装
三氯异氰脲酸	用于清塘及防治细菌性皮肤溃疡病、烂鳃病、出血病	全池泼洒:0.2~0.5毫克/升	勿用金属容器盛装;针对不同的鱼类和水体的pH值,使用量应适当增减
二氧化氯	用于防治细菌性皮肤病、烂鳃病、出血病	浸浴:20~40毫克/升,5~10分钟;全池泼洒:0.1~0.2毫克/升,严重时0.3~0.6毫克/升	勿用金属容器盛装;勿与其他消毒剂混用
二溴海因	用于防治细菌、真菌或寄生虫疾病	浸浴:1%~3%,5~20分钟	
氯化钠（食盐）	用于防治细菌、真菌或寄生虫病	浸浴:1%~3%,5~20分钟	
硫酸铜（蓝矾、胆矾、石胆）	用于治疗纤毛虫、鞭毛虫等寄生性原虫病	浸浴:8毫克/升（海水鱼类:8~10毫克/升）,15~30分钟;全池泼洒:0.5~0.7毫克/升（海水鱼类:0.7~1毫克/升）	常与硫酸亚铁合用;广东鲂慎用;勿用金属容器盛装;使用后注意池塘增氧;不宜用于治疗小瓜虫病
硫酸亚铁（绿矾、青矾）	用于治疗纤毛虫、鞭毛虫等寄生性原虫病	全池泼洒:0.2毫克/升（与硫酸铜合用）	治疗寄生性原虫病时需与硫酸铜合用;乌鳢慎用
高锰酸钾（锰酸钾、灰锰氧、锰强灰）	用于杀灭锚头蚤	浸浴:10~20毫克/升,15~30分钟;全池泼洒:4~7毫克/升	水中有机物含量高时药效降低;不宜在强烈阳光下使用

续表

渔药名称	用途	用法与用量	注意事项
四烷基季铵盐络合碘（季铵盐含量为50%）	对病毒、细菌、纤毛虫、藻类有杀灭作用	全池泼洒：0.3毫克/升	勿与碱性物质同时使用；勿与金属离子表面活性剂混用；勿用金属容器盛装
大蒜	用于防治细菌性肠炎	拌饵投喂：10～30克/千克体重，连用4～6天（海水鱼类相同）	
大蒜素粉（含大蒜素10%）	用于防治细菌性肠炎	0.2克/千克体重，连用4～6天（海水鱼类相同）	
大黄	用于防治细菌性肠炎、烂鳃	全池泼洒：2.5～4.0毫克/升（海水鱼类相同）；拌饵投喂：5～10克/千克体重，连用4～6天（海水鱼类相同）	投喂时常与黄芩、黄柏合用（三者比例为5:2:3）
黄芩	用于防治细菌性肠炎、烂鳃、赤皮、出血病	拌饵投喂：2～4克/千克体重，连用4～6天（海水鱼类相同）	投喂时需与大黄、黄柏合用（三者比例为2:5:3）
黄柏	用于防治细菌性肠炎、出血病	拌饵投喂：3～6克/千克体重，连用4～6天（海水鱼类相同）	投喂时常与大黄、黄芩合用（三者比例为3:5:2）
五倍子	用于防治细菌性烂鳃、赤皮、白皮、疖疮	全池泼洒：2～4毫克/升（海水鱼类相同）	
穿心莲	用于防治细菌性肠炎、烂鳃、赤皮	全池泼洒：15～20毫克/升；拌饵投喂：10～20克/千克体重，连用4～6天	

续表

渔药名称	用途	用法与用量	注意事项
苦参	用于防治细菌性肠炎、竖鳞	全池泼洒：1.0～1.5毫克/升；拌饵投喂：1～2克/千克体重，连用4～6天	
土霉素	用于治疗肠炎病、弧菌病	拌饵投喂：50～80毫克/千克体重，连用4～6天（海水鱼类相同，虾类：50～80毫克/千克体重，连用5～10天）	勿与铝、镁离子及卤素、碳酸氢钠、凝胶合用
噁喹酸	用于治疗细菌性肠炎病、赤鳍病，香鱼、对虾弧菌病，鲈鱼结节病、鲕鱼疖疮病	拌饵投喂：10～30毫克/千克体重，连用5～7天（海水鱼类1～20毫克/千克体重；虾类：6～60毫克/千克体重，连用5天）	药量视不同的疾病有所不同
磺胺嘧啶	用于治疗鲤科鱼类的赤皮病、肠炎病、海水鱼链球菌病	拌饵投喂：100毫克/千克体重，连用5天（海水鱼类相同）	与甲氧苄氨嘧啶（TMP）同用，可产生增效作用；第一天药量加倍
磺胺甲噁唑（新诺明、新明磺）	用于治疗鲤科鱼类的肠炎病	拌饵投喂：100毫克/千克体重，连用5～7天	与甲氧苄氨嘧啶（TMP）同用，可产生增效作用；第一天药量加倍；不能与酸性药物同用
磺胺间甲氧嘧啶（制菌磺、磺胺-6-甲氧嘧啶）	用于治疗鲤科鱼类的赤皮病、竖鳞病及弧菌病	拌饵投喂：50～100毫克/千克体重，连用4～6天	与甲氧苄氨嘧啶（TMP）同用，可产生增效作用；第一天药量加倍

续表

渔药名称	用途	用法与用量	注意事项
氟苯尼考	用于治疗鳗鲡爱德华氏病、赤鳞病	拌饵投喂：10毫克/千克体重，连用4~6天	
聚维酮碘（聚乙烯吡咯烷酮碘、皮维碘、PVP-Ⅰ、伏碘）(有效碘1.0%)	用于防治细菌性烂鳃病、弧菌病、鳗鲡红头病。并可用于预防病毒病：如草鱼出血病、传染性胰腺坏死病、传染性造血组织坏死病、病毒性出血败血症	全池泼洒：海淡水幼鱼幼虾：0.2~0.5毫克/升；海淡水成鱼成虾：1~2毫克/升；鳗鲡：2~4毫克/升；浸浴：草鱼种：30毫克/升，15~20分钟；鱼卵：30~50毫克/升(海水鱼卵：25~30毫克/升)，5~15分钟	勿与金属物品接触；勿与季铵盐类消毒剂直接混合使用